Jaime Castillo Montes

Durabilité de canalisations, impact des traitements de désinfection

Jaime Castillo Montes

Durabilité de canalisations, impact des traitements de désinfection

Impacts des stratégies d'exploitation de réseaux intérieurs sur la durabilité de canalisations d'eau chaude

Presses Académiques Francophones

Impressum / Mentions légales

Bibliografische Information der Deutschen Nationalbibliothek: Die Deutsche Nationalbibliothek verzeichnet diese Publikation in der Deutschen Nationalbibliografie; detaillierte bibliografische Daten sind im Internet über http://dnb.d-nb.de abrufbar.
Alle in diesem Buch genannten Marken und Produktnamen unterliegen warenzeichen-, marken- oder patentrechtlichem Schutz bzw. sind Warenzeichen oder eingetragene Warenzeichen der jeweiligen Inhaber. Die Wiedergabe von Marken, Produktnamen, Gebrauchsnamen, Handelsnamen, Warenbezeichnungen u.s.w. in diesem Werk berechtigt auch ohne besondere Kennzeichnung nicht zu der Annahme, dass solche Namen im Sinne der Warenzeichen- und Markenschutzgesetzgebung als frei zu betrachten wären und daher von jedermann benutzt werden dürften.

Information bibliographique publiée par la Deutsche Nationalbibliothek: La Deutsche Nationalbibliothek inscrit cette publication à la Deutsche Nationalbibliografie; des données bibliographiques détaillées sont disponibles sur internet à l'adresse http://dnb.d-nb.de.
Toutes marques et noms de produits mentionnés dans ce livre demeurent sous la protection des marques, des marques déposées et des brevets, et sont des marques ou des marques déposées de leurs détenteurs respectifs. L'utilisation des marques, noms de produits, noms communs, noms commerciaux, descriptions de produits, etc, même sans qu'ils soient mentionnés de façon particulière dans ce livre ne signifie en aucune façon que ces noms peuvent être utilisés sans restriction à l'égard de la législation pour la protection des marques et des marques déposées et pourraient donc être utilisés par quiconque.

Coverbild / Photo de couverture: www.ingimage.com

Verlag / Editeur:
Presses Académiques Francophones
ist ein Imprint der / est une marque déposée de
AV Akademikerverlag GmbH & Co. KG
Heinrich-Böcking-Str. 6-8, 66121 Saarbrücken, Deutschland / Allemagne
Email: info@presses-academiques.com

Herstellung: siehe letzte Seite /
Impression: voir la dernière page
ISBN: 978-3-8381-7485-3

*A ma copine Lucie,
à mes parents, à ma sœur et à mes amis
Sergio, Oscar, Nacho et Alonso*

Collaborateurs :

1. Nelsie BERTHELOT
2. Emmanuelle GAUDICHET
3. Olivier CORREC
4. Juan CREUS
5. Sébastien TOUZAIN
6. Yannick GOURBEYRE

Remerciements

Il apparaît opportun de commencer ce mémoire par des remerciements.

Tout d'abord je tiens à remercier les membres du jury de thèse, (I. Royaud, E. Sutter, D. Wolbert et S. Audisio), pour m'avoir fait l'honneur d'évaluer ce travail.

Je dois aussi remercier Mr. Feaugas, directeur du LEMMA, et Mr. Axes, directeur du département CAPE du CSTB, pour m'avoir donné les moyens pour la réalisation de ces travaux.

Je remercie, mes directeurs de thèse, Juan Creus et Sébastien Touzain, qui m'ont d'abord, accordé leur confiance, et ensuite, m'ont formé, encouragé et accompagné tout au long de cette expérience. Merci Juan, merci Sébastien.

Je remercie, mon encadrant au CSTB, Olivier Correc. Je tiens à lui exprimer toute ma gratitude pour la patience dont il a fait preuve au cours de ces années et pour tout ce qu'il m'apprit. Merci Olivier.

Je remercie toutes les personnes qui ont participé à mon encadrement, dans un moment ou un autre de la thèse, pour leurs conseils et leur disponibilité, merci à François Derrien, ingénieur au CSTB et merci au personnel de Veolia qui a participé de ce projet, Nelsie Berthelot, Emmanuelle Gaudichet, Fabienne David et Yannick Gourbeyre.

Je remercie l'ensemble du LEMMA et du CSTB de Nantes pour toute l'aide qu'ils ont pu me donner dans ces trois ans. Notamment, à P. Humeau, M. Bodelle, I. Croum, B. Peraudeau et S. Cohendoz.

Je remercie également, tous les doctorants qui à mes côtés, ont partagé de bons moments et de plus difficiles. En particulier, un grand merci à Khaoula, Pierre Luc et Olivier qui m'ont supporté pendant la rédaction.

Lors de ces travaux, j'ai eu la chance d'encadrer des stages. Je me dois de remercier, pour leur contribution à la thèse, les étudiants, d'une grande qualité professionnelle et humaine, qui ont réalisé ces stages. Merci à S. Heno, N. P. Thao, D. Cadoux et F. Hamdani.

Mes dernières pensées vont à ma famille et à ma copine qui sont et ont été toujours là, sans eux rien n'aurait été possible. Merci.

Impacts des stratégies d'exploitation de réseaux intérieurs sur la durabilité de canalisations d'eau chaude

Résumé :

Afin de maitriser la qualité d'eau dans les réseaux d'eau chaude sanitaire, des traitements de désinfection thermiques et chimiques sont utilisés. Ces traitements de désinfection peuvent avoir un impact sur la dégradation des canalisations. L'influence de l'addition d'hypochlorite de sodium et de l'augmentation de la température sur la vitesse et le mode de dégradation des canalisations en cuivre, acier galvanisé, PERT/Al/PERT et PVCc a été étudiée. Pour ceci, des essais de vieillissement accéléré ont été réalisés en conditions statiques et dynamiques. Afin de réaliser les essais en conditions dynamiques, un banc d'essais à échelle 1 a été conçu et construit.

La chimie des solutions d'hypochlorite de sodium à des températures élevées (>50°C) est complexe, ceci a motivé la réalisation d'une étude complémentaire sur les espèces présentes en fonction du pH et la cinétique de décomposition des solutions d'hypochlorite de sodium. Cette étude a révélé que l'augmentation de la température de 50°C à 70°C à une valeur de pH donnée produit une diminution significative de la concentration en acide hypochloreux. De plus, la décomposition de l'hypochlorite de sodium en chlorates est accélérée par la présence de cuivre et elle peut devenir significative à partir de 50°C.

Les essais de vieillissement réalisés sur les canalisations ont révélé que l'addition d'hypochlorite de sodium est pénalisante par rapport à la vitesse de dégradation du cuivre, acier galvanisé et PERT/Al/PERT. Cependant, la dégradation du PVCc ne semble pas se voir affectée par l'addition d'hypochlorite de sodium. L'élévation de la température de 50°C à 70°C paraît accélérer légèrement la dégradation du PERT/Al/PERT et du PVCc. En revanche, avec une chloration de 25 ppm en hypochlorite de sodium, le mode de corrosion du cuivre est uniforme à 70°C tandis qu'il est localisé à 50°C.

Les conclusions de ces résultats peuvent être d'utilité pour la conception et la maintenance des réseaux d'eau chaude sanitaire.

Mots clés : Canalisation, eau chaude, dégradation, corrosion, hypochlorite de sodium, cuivre, acier galvanisé, PERT, PVCc.

Table des matières

Liste des tableaux

Liste des figures

INTRODUCTION

Les réseaux d'eau destinée à la consommation humaine à l'intérieur des bâtiments s'étendent du compteur général, à l'entrée du bâtiment, au point de puisage de chaque utilisateur [1].

Ces réseaux, constitués d'accessoires et de canalisations, peuvent être composés de plusieurs types de matériaux, métalliques ou polymères. Ces matériaux utilisés doivent, avant tout, être compatibles avec l'usage en eau potable. Ainsi, pour les matériaux organiques, des essais de migration sont réalisés (dans le cadre d'un système d'évaluation) pour juger du "potentiel" migratoire de ces composés dans l'eau [2]. Pour les matériaux destinés aux canalisations, cette évaluation est appelée "Attestation de Conformité Sanitaire (ACS)". De plus, ils doivent avoir des caractéristiques leur permettant de résister aux sollicitations de pression et température qui existent dans les réseaux. Par ailleurs, leur altération au cours du temps, par des phénomènes physiques ou chimiques, doit être la plus lente possible.

Les matériaux usuels pour acheminer l'eau dans les réseaux intérieurs sont [3], pour les matériaux métalliques : l'acier galvanisé, le cuivre et les aciers inoxydables et pour les matériaux polymères : le polychlorure de vinyle (PVC), le polychlorure de vinyle surchloré (PVCc), le polyéthylène (PE), le polyéthylène réticulé (PER), le polybutène (PB), le polypropylène (PP) et plus récemment des matériaux multicouches.

Les guides techniques du Centre Scientifique et Technique du Bâtiment– CSTB- (conception et maintenance) décrivent les avantages, les inconvénients et les recommandations de choix et d'emploi des matériaux à utiliser dans les réseaux intérieurs, notamment, ceux appliqués aux réseaux d'eau chaude sanitaire (ECS) [3].

La maîtrise de la qualité sanitaire de l'eau est une obligation des propriétaires des réseaux intérieurs d'eau, notamment, en ce qui concerne des paramètres bactériologiques et physico-chimiques (articles L.1321-1, R.1321-1 et suivants du code de la santé publique). Cette maîtrise est parfois particulièrement difficile dans les réseaux d'eau chaude sanitaire car des défauts de conception hydraulique peuvent donner lieu à des zones de chute de la température en raison de zones d'eau peu circulante. Ces zones, avec des températures plus faibles ou/et avec de l'eau stagnante vont favoriser le développement de bactéries, comme par exemple, les légionelles. Pour ces dernières, les conditions thermiques optimales permettant leur prolifération se situent entre 25°C et 43°C [4].

Les mesures à mettre en place comportent des contraintes concernant la température de l'eau (traitements thermiques), et peuvent aussi comporter des traitements chimiques. Des traitements physiques, comme la filtration, sont aussi possibles mais ils ne sont que très rarement utilisés en France [5]. Les traitements thermiques et chimiques peuvent conduire à des conditions de corrosivité de l'eau plus importantes vis-à-vis des matériaux. Cependant, l'impact de ces traitements sur la pérennité des matériaux constituant les canalisations n'a pas été évalué de manière précise. Ce dernier point constitue l'objectif principal de ces travaux de thèse.

Plusieurs agents oxydants sont utilisés pour désinfecter les eaux destinées à la consommation humaine. Parmi ces produits, l'hypochlorite de sodium est le plus couramment utilisé en France [6, 7] ce qui a conditionné le choix du désinfectant employé lors de cette étude. En effet, l'hypochlorite de sodium est utilisé en continu, à des concentrations faibles (~1 ppm), afin de limiter le développement bactérien dans les eaux destinées à la consommation. Cependant, la technique d'injection en continu est récente (utilisée depuis environ 8 ans) et la question de la durabilité des matériaux face à une faible, mais constante, concentration d'hypochlorite de sodium peut être posée.

Quatre matériaux ont été choisis pour cette étude : le cuivre, l'acier galvanisé, le PVCc et le PERT/Al/PERT (avec PERT PolyEthylène Raised Temperature et Al aluminium). Le cuivre et l'acier galvanisé sont des matériaux très utilisés et présents dans la majorité des réseaux d'eau chaude sanitaire. En effet, la contribution des matériaux métalliques dans les marchés associés aux réseaux intérieurs d'eau est encore très élevée dans la plupart des pays, en approchant 52% du marché [8]. Néanmoins, depuis une trentaine d'années, des canalisations à base de matériaux polymères comme le polyéthylène réticulé (PER) dans l'habitat individuel ou le PVCc dans le collectif ont pris leur place sur le marché. Le marché des canalisations en polymère est principalement dominé par le PER et le

PVC/PVCc, qui s'attribuent respectivement environ 30% et 25% du marché **[9]**. Depuis quelques années, un dernier concept de canalisation consistant en un système multicouche de type sandwich (polymère/métal/polymère) est apparu : c'est le cas du PERT/Al/PERT.

L'objectif de ce travail consiste donc, à étudier l'impact des traitements de désinfection sur la durabilité des canalisations en eau chaude sanitaire. Au niveau pratique, ce travail a pour objectif de donner des éléments de réponse concernant le choix du matériau le plus approprié, en fonction du traitement de désinfection prévu sur le réseau, ou concernant, le choix du traitement de désinfection, en fonction du matériau préexistant.

Afin de répondre à cet objectif, des essais de vieillissement ont été réalisés dans des conditions réelles d'utilisation d'un réseau d'eau chaude sanitaire (ECS), mais aussi, dans des conditions de vieillissement accéléré. Ces essais ont été réalisés en mode statique et en mode dynamique pour prendre en compte les réelles contraintes hydrodynamiques d'un réseau ECS. Afin de réaliser les essais en mode dynamique, un banc d'essais à l'échelle une d'un réseau d'eau chaude sanitaire a été mis en place puis validé.

Ce manuscrit s'articule autour de 5 chapitres. Le premier chapitre reprend le contexte de l'étude en s'appuyant sur les travaux antérieurs, notamment de la littérature, afin de mettre en évidence la pertinence de cette approche expérimentale. Ce premier chapitre permet également de faire le bilan des directives réglementaires en vigueur dans le secteur des réseaux intérieurs, notamment de recadrer les pratiques de désinfection actuellement utilisées. Dans ce chapitre, les modes de dégradation susceptibles d'apparaître sur les quatre matériaux retenus seront également détaillés.

Le deuxième chapitre est dédié à la description des protocoles expérimentaux des essais de vieillissement en conditions statique et dynamique. Le banc d'essais de vieillissement en condition dynamique sera décrit de manière détaillée afin de tenir compte de la complexité du dispositif mis en place. La deuxième partie de ce chapitre sera consacrée à la description des techniques de caractérisation du vieillissement des matériaux utilisés.

Dans le troisième chapitre, une démarche rigoureuse d'analyse chimique de la composition des solutions chlorées a été mise en place. L'influence de différents paramètres tels que la température, la concentration en désinfectant et le pH a été évaluée à travers une analyse factorielle.

Le quatrième et le cinquième chapitre exposent les résultats des essais de vieillissement respectivement en conditions statiques et en conditions dynamiques. Les techniques de caractérisation des surfaces ont été largement utilisées afin de mettre en évidence des indicateurs de vieillissement pouvant conduire à une détérioration des propriétés des matériaux.

Enfin, une conclusion rappellera les résultats scientifiques obtenus lors de ce travail et les repositionnera dans la problématique industrielle.

CHAPITRE 1 : ETAT DE L'ART

Ce chapitre resitue le contexte et la problématique de l'étude afin de montrer la pertinence de notre approche expérimentale au regard des approches décrites dans la littérature. Une revue de la littérature existante sur le milieu de vieillissement utilisé est réalisée. Finalement, la littérature pour chaque matériau étudié fait l'objet d'une description détaillée afin de mettre en évidence les modes de dégradation attendus pour les conditions d'essais de ce travail. Pour finir, une conclusion reprenant les principaux points à relever clôture ce premier chapitre.

1. CONTEXTE BIBLIOGRAPHIQUE

1.1 RESEAUX D'EAU CHAUDE SANITAIRE

Les réseaux de distribution d'eau potable sont constitués d'une partie publique et d'une partie privée. Ces deux parties sont séparées par le compteur. Le réseau privé se divise en plusieurs réseaux intérieurs en fonction du type d'utilisation à laquelle il est destiné [3]. Parmi ces réseaux, se trouve celui qui transporte l'eau destinée à la consommation humaine. Finalement, le réseau d'eau froide est séparé de celui de l'eau chaude.

La majorité des logements collectifs (bâtiments comprenant au moins deux logements) et des établissements publics possèdent une production centralisée d'eau chaude sanitaire à distribution bouclée. Ce bouclage constitué d'une canalisation "retour" permet, lorsque les points de puisage sont éloignés de la production d'ECS, d'éviter le refroidissement de l'eau du réseau grâce à une circulation permanente de l'eau chaude. De plus, la circulation dans les boucles permet d'obtenir une eau chaude dans un délai très court et assurer ainsi le confort lors de son usage.

Les boucles sont équipées d'une canalisation "aller" comprenant une vanne d'arrêt avec un robinet de vidange, et une canalisation "retour" comprenant un organe de réglage et une vanne d'isolement pour assurer la maintenance de l'organe de réglage [10]. La figure 1 présente de manière schématique un circuit fermé d'eau chaude sanitaire.

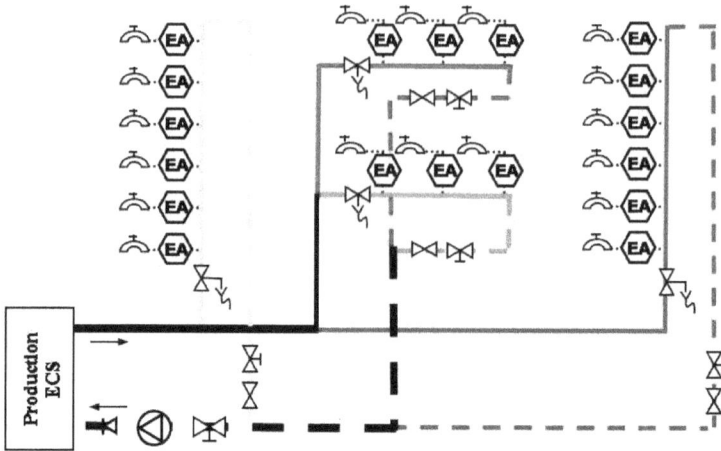

Figure 1 : Illustration des boucles (jaune, rouge, vert et bleu), EA
correspondant à une vanne d'arrêt plus un clapet de non retour de type EA
[10].

Concernant la conception d'un réseau d'ECS, les principales recommandations techniques en vigueur sont rassemblées dans les normes et les Documents Techniques Unifiés (DTU), en particulier le 60.11 en cours de révision. Les DTU ont le statut de norme et sont élaborés par des commissions de normalisation sous le contrôle général de l'AFNOR. De plus, aux normes et DTU s'ajoutent les guides techniques publiés par le CSTB, notamment la partie 1 du guide technique des "réseaux d'eau destinée à la consommation humaine à l'intérieur des bâtiments" **[3]** qui est consacrée à la conception et à la mise en œuvre de ces réseaux. En effet, ce guide technique du CSTB présente un exemple de méthodologie de dimensionnement d'un réseau collectif de distribution d'eau chaude sanitaire (ECS). Il est à noter qu'un guide technique hydraulique, consacré à la maîtrise du risque de légionelles dans les réseaux ECS, sera publié en fin de l'année 2011 **[10]**. Les principales exigences décrites dans ce document sont relatives à l'uniformité de la température qui doit être supérieure à 50°C en tout point du réseau (Arrêté du 30 novembre 2005), et à la vitesse d'écoulement du fluide qui doit être supérieure à 0,2 m.s^{-1}. Par ailleurs, l'architecture du réseau doit permettre la minimisation des pertes de charge.

En outre, en France, l'eau chaude sanitaire est définie comme une eau destinée à la consommation humaine. Par conséquent, elle est soumise aux réglementations sanitaires qui établissent des qualités d'eau à respecter.

1.1.1 CONTEXTE REGLEMENTAIRE

Cette partie du manuscrit présente brièvement le contexte réglementaire de notre étude.

La plupart des textes réglementaires qui encadrent les réseaux d'eau intérieurs sont essentiellement d'ordre sanitaire. Le code de la santé publique, article R.1321.1 **[11]**, transpose, dans la législation française, la directive européenne 98/83 et des directives de l'Organisation Mondiale de la Santé. Le code de la santé publique précise (article R.1321.1) qu'il concerne "toutes les eaux qui, soit en l'état, soit après traitement, sont destinées à la boisson, à la cuisson, à la préparation d'aliments ou à d'autres usages domestiques, que ces eaux soient fournies par un réseau de distribution, à partir d'un camion-citerne ou d'un bateau-citerne, en bouteille ou en conteneur, y compris les eaux de source". L'eau chaude sanitaire (ECS) est donc intégrée aux "autres usages domestiques" et se trouve concernée par le code de la santé publique.

Évidemment, les propriétaires des réseaux d'eau intérieurs des immeubles et des établissements sont tenus de respecter les obligations réglementaires du code de la santé publique, qui impose trois principaux critères **[10]** :

Le premier critère est relatif à *"la distribution d'une eau respectant, au niveau de l'ensemble des robinets des usagers, les limites et références de qualité réglementaires. Ces exigences de qualité portent à la fois sur des paramètres bactériologiques et des paramètres physico-chimiques, témoins notamment de la non-altération de la qualité de l'eau par les matériaux des réseaux d'eau (fer, cuivre, zinc, plomb, etc.)"*. Ceci met en évidence l'obligation de limiter la vitesse de corrosion des canalisations métalliques.

Le second critère correspond à *"la construction des réseaux avec des matériaux conformes aux dispositions réglementaires"*. En effet, la durabilité du matériau n'est pas le seul paramètre à respecter. Par exemple, les matériaux et objets organiques doivent avoir une attestation de conformité sanitaire permettant d'évaluer le risque de relargage de composés potentiellement toxiques à plus ou moins long terme.

Enfin, le dernier critère est relatif à *"l'utilisation de produits et procédés de traitement de l'eau, de produits de nettoyage et désinfection, autorisés"*.

Les propriétaires des réseaux d'eau intérieurs sont aussi obligés d'assurer une bonne gestion de la température de l'eau. Notamment, l'arrêté interministériel du 30 novembre 2005 donne les limitations réglementaires relatives à la température des réseaux d'eau chaude sanitaire (ECS) :

> ➤ la température doit être supérieure à 50°C sur l'ensemble du réseau d'ECS et inférieure à 60°C aux points de puisage (à l'exception des tubes finaux d'alimentation des points de puisage et dans les pièces destinées à la toilette où la température de l'eau ne doit pas dépasser 50°C) ;

> ➤ la température au niveau des équipements de stockage doit, lorsque le volume total des équipements de stockage est supérieur ou égal à 400 litres, et à l'exclusion des ballons de préchauffage, être en permanence supérieure ou égale à 55°C à la sortie des équipements ou être portée à une température suffisante (70°C pendant 2 minutes ou 65°C pendant 4 minutes ou 60°C pendant 60 minutes) au moins une fois par tranche de 24 heures.

1.1.2 TRAITEMENTS DE DESINFECTION

Afin de lutter contre le développement bactérien dans les réseaux d'eau chaude sanitaire, trois types de traitements de désinfection peuvent être mis en œuvre :

> ➤ physiques (utilisant des barrières physiques, comme par exemple la filtration membranaire) ;

> ➤ thermiques (avec une élévation de la température de l'eau) ;

> ➤ chimiques (en ajoutant des produits désinfectants à l'eau) ;

Les traitements physiques, utilisés uniquement au point terminal, ne sont que très peu utilisés en France. Par conséquent, ce travail est focalisé sur les traitements thermiques et chimiques.

Les traitements de désinfection sont classés en fonction de la phase dans laquelle ils sont utilisés :

➢ les traitements préventifs sont les traitements utilisés en continu sur le réseau ;

➢ les traitements curatifs, appelés aussi traitements choc, sont les traitements appliqués sur des circuits déjà contaminés. Dans ce cas, les points d'usage ne sont plus utilisables.

La circulaire du 22 avril 2002, relative à la prévention du risque lié aux légionnelles dans les établissements de santé, liste les traitements de désinfection autorisés dans les réseaux français d'eau chaude sanitaire (tableau 1).

Produits	Utilisation en traitement continu	Utilisation en traitement choc ou curatif
Composés chlorés générant des hypochlorites (Hypochlorite de sodium ou de calcium, chlore gazeux)	1 mg.L^{-1} de chlore libre	100 mg.L^{-1} de chlore libre pendant 1 h ou 15 mg.L^{-1}L de chlore libre pendant 24 h ou 50 mg.L^{-1} de chlore libre pendant 12 h
Dichloroisocyanurates (de sodium ou de sodium hydratés)	Non	100 mg.L^{-1} de chlore libre pendant 1 h ou 15 mg.L^{-1} de chlore libre pendant 24 h ou 50 mg.L^{-1} de chlore libre pendant 12 h
Dioxyde de chlore	1 mg.L^{-1} de chlore libre	Non
Acide peracétique en mélange avec du péroxyde	Non	1000 mg.L^{-1} en équivalent H$_2$O$_2$ pendant 2 h.
Choc thermique	Au moins 50°C en distribution et inférieur à 50°C au point d'usage	70°C pendant au moins 30 min.

Tableau 1 : Traitements utilisables en France dans les réseaux ECS
(Circulaire du 22 avril 2002) [12].

1.2 CHIMIE DE L'HYPOCHLORITE DE SODIUM

Les réseaux d'eau chaude sanitaire peuvent former un milieu favorable au développement des micro-organismes tels que les légionelles. Afin de lutter contre ce danger potentiel, un système de désinfection chimique en continue ou en choc peut être mis en place. Différents types de produits peuvent être utilisés pour assurer cette désinfection, mais, le plus courant, en France, est l'hypochlorite de sodium NaClO ou eau de Javel.

L'aptitude bactéricide d'un réactif dépend de son pouvoir oxydant, mais aussi de la capacité du réactif à traverser les membranes biologiques.

Chapitre 1 : Etat de l'art

L'action désinfectante de l'hypochlorite de sodium est principalement liée à l'acide hypochloreux (HClO) qui pénètre facilement au travers des parois et des membranes cellulaires **[7, 13]**. En effet, l'acide hypochloreux est environ cent fois plus bactéricide que l'ion hypochlorite (ClO⁻) **[7]**.

A ce jour, aucune étude ne semble avoir été effectuée pour détailler la chimie de l'hypochlorite de sodium dans les conditions d'exploitation d'un réseau d'eau chaude sanitaire. En revanche, l'eau de Javel a fait l'objet de nombreuses études à température ambiante (25°C). L'extrapolation des résultats vers les températures d'un réseau d'eau chaude sanitaire, environ 55°C en continu et jusqu'à 70°C dans certains traitements, n'est pas simple. En effet, les espèces chimiques prédominantes à température ambiante ne semblent pas être les mêmes que celles susceptibles de se former à partir de 50°C **[7, 14-22]**.

L'hypochlorite de sodium (NaClO), en contact avec l'eau, se dissocie selon l'équation 1 :

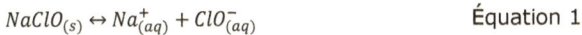

$$NaClO_{(s)} \leftrightarrow Na^+_{(aq)} + ClO^-_{(aq)} \qquad \text{Équation 1}$$

L'ion ClO⁻ est une base faible, dans les conditions de pH des eaux chaudes sanitaires (pH compris entre 6,5 et 8,5), et réagit dans l'eau selon :

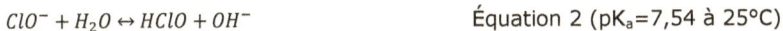

$$ClO^- + H_2O \leftrightarrow HClO + OH^- \qquad \text{Équation 2 (pK}_a\text{=7,54 à 25°C)}$$

A température ambiante dans la plage de pH des eaux potables (entre 6,5 et 8,5) seules les espèces HClO et ClO⁻ sont présentes puisque le dichlore gazeux (Cl_2) n'apparaît que pour des pH acides (figure 2). Par conséquent, l'équilibre de dissociation donné par l'équation 2, qui est très fortement dépendant du pH et de la température, est la réaction principale à prendre en compte dans les réseaux d'eau chaude sanitaire.

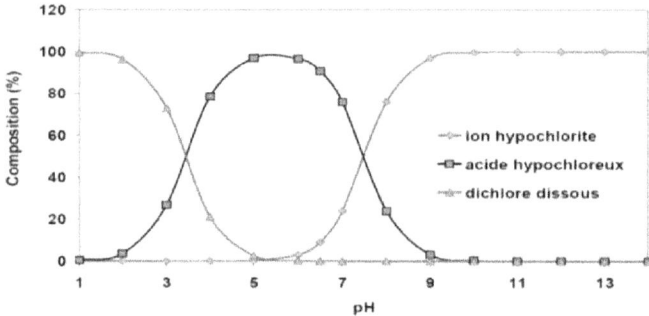

Figure 2 : Diagramme de répartition des espèces issues d'une solution d'eau de javel en fonction du pH **[23]**.

Cependant, l'étude bibliographique **[7, 14-22]** paraît indiquer que les espèces HClO et ClO⁻, ne subsistent plus et vont être remplacées par l'espèce chlorate ClO_3^- à des températures supérieures à 50°C (équations 3 et 4) :

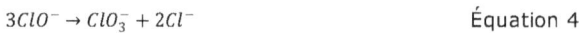

$$3HClO \rightarrow ClO_3^- + 2Cl^- + 3H^+ \qquad \text{Équation 3}$$

$$3ClO^- \rightarrow ClO_3^- + 2Cl^- \qquad \text{Équation 4}$$

D'après la littérature, ces dernières réactions se déroulent en deux étapes :

1. transformation de l'acide hypochloreux/ions hypochlorites en ions chlorites (équations 5 et 6).

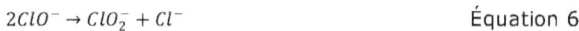

$$2HClO \rightarrow 2H^+ + Cl^- + ClO_2^- \qquad \text{Équation 5}$$

$$2ClO^- \rightarrow ClO_2^- + Cl^- \qquad \text{Équation 6}$$

2. transformation des ions chlorites en ions chlorates (équation 7) :

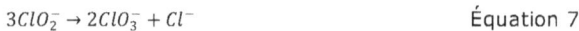

$$3ClO_2^- \rightarrow 2ClO_3^- + Cl^- \qquad \text{Équation 7}$$

Les ions chlorites sont très instables, par conséquent, la réaction 7 est très rapide.

Ces réactions peuvent avoir lieu successivement ou simultanément et sont toutes influencées par des éléments extérieurs (pH, dureté de l'eau, température, présence de métaux et concentration en chlore libre de la solution).

Chapitre 1 : Etat de l'art

Certains auteurs proposent que les solutions d'hypochlorite de sodium peuvent générer des radicaux **[24-26]** selon deux mécanismes distincts (Equations 8 et 9) :

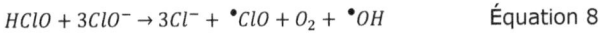

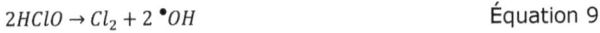

$$HClO + 3ClO^- \rightarrow 3Cl^- + {}^\bullet ClO + O_2 + {}^\bullet OH \qquad \text{Équation 8}$$

$$2HClO \rightarrow Cl_2 + 2\,{}^\bullet OH \qquad \text{Équation 9}$$

Les équations 8 et 9 montrent que les radicaux susceptibles d'être présents dans la solution d'hypochlorite de sodium sont ${}^\bullet OH$ et ${}^\bullet ClO$. Il faut noter que les deux mécanismes proposés pour la formation des radicaux ont besoin de la présence d'acide hypochloreux (HClO).

Cependant, parmi plusieurs publications scientifiques **[7, 14-22, 24-26]**, les informations concernant les ions chlorates et la formation de radicaux sont peu nombreuses et à la fois contradictoires, notamment au sujet de la température d'instabilité des ions hypochlorites présents dans le désinfectant. Une étude plus approfondie sur la composition des solutions d'eau de Javel à température élevée, dans la gamme d'utilisation des réseaux d'eau chaude sanitaire a été réalisée dans nos travaux. Les résultats de cette étude sont présentés et discutés dans le chapitre 3.

Trois termes sont régulièrement utilisés pour évoquer l'hypochlorite de sodium **[13]**:

a. L'expression "chlore total" désigne le chlore sous toutes ses formes : hypochlorite, chlorate, chlorite et les chloramines, mais aussi, les ions chlorures.

b. L'expression "chlore libre" correspond à l'ion ClO^- et aux gaz HClO et Cl_2 dissous dans l'eau.

c. L'expression "chlore actif" correspond aux gaz HClO et Cl_2 dissous dans l'eau.

Même si l'action désinfectant de l'hypochlorite de sodium est principalement liée au chlore actif, dans la pratique, l'indicateur le plus utilisé pour la désinfection est le chlore libre. Le tableau 2 et la figure 3 schématisent ces notions.

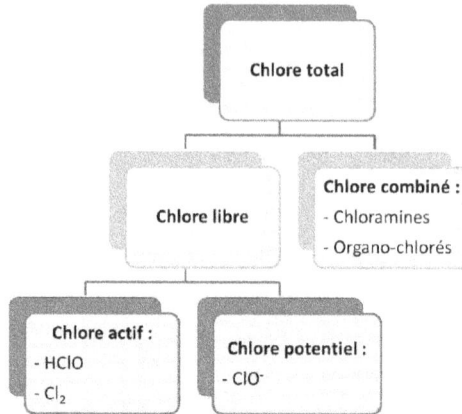

Figure 3 : Organigramme des différentes formes chlorées.

Chlore actif	➤ HClO ➤ Cl_2
Chlore libre	➤ HClO ➤ ClO^- ➤ Cl_2
Chlore total	➤ Hypochlorite de sodium (NaClO) ➤ Chlorure de sodium (NaCl) ➤ Chlorite de sodium (NaClO$_2$) ➤ Chlorate de sodium (NaClO$_3$) ➤ Chloramines ➤ Composés organo-chlorés

Tableau 2 : Correspondances de chlore actif, chlore libre, et chlore total.

1.3 DESCRIPTION DES MATERIAUX ETUDIES

Cette étude ne s'intéresse qu'aux canalisations constitutives des réseaux. En effet, ni les raccords, ni les vannes et ni les joints ne seront abordés lors de cette étude. L'étude porte sur quatre matériaux : l'acier galvanisé, le cuivre, le PVCc et un matériau multicouche le PERT/Al/PERT.

L'acier galvanisé et le cuivre sont des matériaux dits traditionnels dont les conditions de conception/fabrication sont normalisées. Le PVCc et le matériau multicouche sont des matériaux dits « innovants » et font référence à des Avis TEChniques délivrés par le CSTB (Avis Technique 14/08-1316 pour le PVCc et Avis Technique 14/08-1250*V1 pour le PERT/Al/PERT).

Les quatre matériaux étudiés avaient des prix comparables au moment de cette étude (le mètre, environ 15 € pour le cuivre et l'acier galvanisé, 17 € pour le PVCc et 19 € pour le matériau multicouche). Cependant les cours du cuivre et de l'acier galvanisé (surtout le cuivre) subissent souvent des variations importantes de prix tandis que les prix du PVCc et du multicouche sont plus stables.

1.3.1 ACIER GALVANISE

L'acier galvanisé est un matériau métallique constitué d'acier, puis d'une succession de couches de zinc allié au fer pour se terminer par une couche de zinc pur qui sera au contact de l'eau. La figure 4 présente une observation au microscope d'une coupe transverse d'un acier galvanisé en décrivant les différentes couches internes de composition variable en fer.

Les canalisations d'acier galvanisé doivent répondre aux normes françaises NF A 49-700, NF A 49-145, NF EN 10240 et NF A 35-503 et sont fabriquées grâce à un procédé de revêtement anticorrosion appelé, galvanisation à chaud [27]. Le revêtement par galvanisation à chaud assure, grâce au recouvrement de l'acier par le zinc, une double protection :

> d'une part physico-chimique en raison de l'effet barrière. Le zinc isole l'acier du milieu, cette barrière perdurant à cause de la formation de produits de corrosion protecteurs du zinc ;

> d'autre part électrochimique, due à l'effet de protection cathodique apporté par le zinc vis-à-vis du fer lorsque la couche de galvanisation est blessée.

Le revêtement galvanisé n'est pas un simple dépôt de zinc à la surface de l'acier. Il est constitué, entre sa couche interne (fer) et externe (zinc), de composés intermétalliques caractérisés par un alliage de fer et de zinc dont l'épaisseur courante est de 55 µm. En effet, il se produit une réaction métallurgique de double diffusion entre le zinc et le fer qui conduit à la formation de couches d'alliages Fe-Zn avec des compositions différentes en fonction de la distance à l'acier (figure 4 et tableau 3) [27].

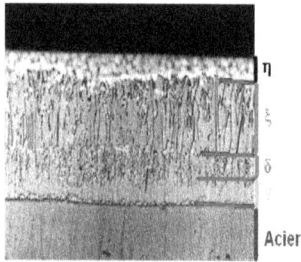

Phase	Fer (% en masse)
Êta η	Moins de 0,03%
Dzêta ξ	De 5 à 6 %
Delta δ	De 7 à 12 %
Gamma γ	De 21 à 28%
Acier	100 %

Figure 4 : Vue en coupe transverse de phases formées après la galvanisation de l'acier.

Tableau 3 : Composition des phases de l'acier galvanisé.

L'épaisseur, la structure et l'aspect du revêtement obtenu dépendent essentiellement de la qualité des métaux utilisés et du processus de fabrication des tubes d'acier galvanisé. Ces paramètres doivent répondre à un certain nombre de normes (citées précédemment). Dans le respect de ces normes, la durée de vie d'un acier galvanisé peut être de plus de 30 ans. Dans le cas contraire, une couche de galvanisation de mauvaise qualité (par exemple couche ξ trop épaisse) risque de se désagréger rapidement (effet de sable) et de donner à l'eau une coloration rouge-rouille.

1.3.2 CUIVRE

Le cuivre utilisé pour les canalisations correspond à la classe Cu b Norme NF EN 1057. Il s'agit d'un métal dont la pureté est d'au moins 99,9%, désoxydé au phosphore et dont la teneur résiduelle en ce dernier élément est comprise entre 0,013% et 0,05% en masse.

Il est largement utilisé dans les réseaux d'eau chaude sanitaire dû à sa mise en œuvre facile et à sa très bonne résistance à la corrosion [28].

1.3.3 PVCC

Le PVC (polychlorure de vinyle), thermoplastique datant des années 30 [29] a été rapidement utilisé pour la fabrication des tubes extrudés (canalisations d'eau dans le bâtiment). Pour le PVC non plastifié, la température de transition vitreuse (T_g) d'environ 80°C ne permet pas le transport d'eau chaude. C'est pourquoi, ce dernier a été modifié chimiquement pour permettre d'élargir son domaine d'application à des températures plus élevées.

Le PVCc s'obtient par chloration du PVC, et comporte les mêmes unités structurales que le PVC (CH_2, $CHCl$ et CCl_2) [30]. Un PVC classique a une teneur en chlore d'environ 56% alors que le PVCc aura des teneurs en chlore supérieures à celle-ci, entre 65% et 69% [29, 30]. Le tableau 4 liste les principales propriétés du PVCc.

Propriétés	PVCc
Contrainte à la rupture (MPa)	60
Allongement à la rupture (%)	4,5
Module de traction (MPa)	2800
Module de flexion (MPa)	2800
Résistivité transversale (Ω.cm)	10^{14}
Permittivité relative (de 50 à 10^5 Hz)	3,5 à 6
Facteur de pertes diélectriques (de 50 à 10^4 Hz)	2×10^{-2}

Tableau 4 : Propriétés du PVCc [29].

Les effets de la chloration du PVC sont connus depuis 1950 [29]. L'incorporation de chlore à la chaîne hydrocarbonée (déjà partiellement chlorée) a deux effets :

1. elle tend à augmenter la cohésion du polymère car la différence d'électronégativité entre carbone et chlore est plus élevée que celle entre carbone et carbone ou carbone et hydrogène ;

2. elle augmente la masse des segments de chaînes.

Ces deux effets rendent plus difficiles les rotations des segments de chaîne, contribuant à réduire la flexibilité dynamique du polymère et donc entraînant l'augmentation de la température de transition vitreuse.

1.3.4 PERT/AL/PERT

Les tubes de PERT/Al/PERT se composent de matériaux différents [31] (figure 5) :

1.- une couche interne translucide en PERT ;

2.- une couche d'adhérence intérieure ;

3.- une âme en aluminium soudée longitudinalement par recouvrement ;

4.- une couche d'adhérence extérieure ;

5.- une couche extérieure en PERT.

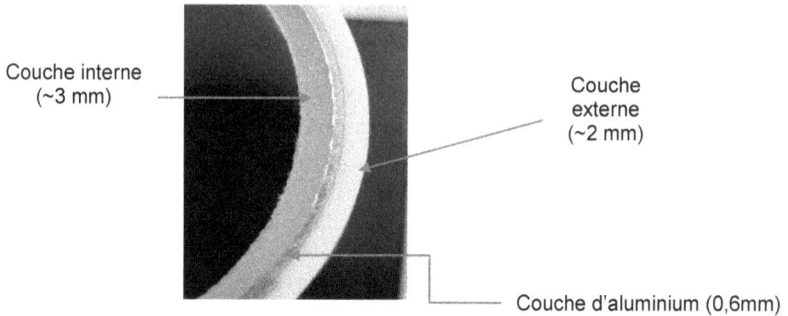

Figure 5 : Coupe transverse de la canalisation en PERT/Al/PERT.

Le PERT est un matériau relativement récent (il est utilisé depuis environ 20 ans), de la famille du PE (copolymère du PE). C'est un polymère thermoplastique, linéaire, semi cristallin. Du fait qu'il n'est pas réticulé, le processus de fabrication est plus simple que celui du polyéthylène réticulé. Par ailleurs, le PERT améliore la résistance des polyéthylènes de haute densité conventionnels à des températures élevées [32].

Le PERT (figure 6) est fabriqué par l'introduction de co-monomères "octane" dans le PE. L'introduction de branchements par copolymérisation de l'éthylène avec une oléfine plus longue (cas de l'octane), a pour effet de réduire l'épaisseur des lamelles cristallines et joue sur la densité des chaînes liantes intercristallines. L'ajout du co-monomère permet aussi de limiter le désenchevêtrement en ralentissant l'extraction des molécules de liaison du cristal [33]. En résumé, l'introduction de co-monomère crée des chaînes courtes latérales qui introduisent des imperfections dans la structure du polymère. En effet, le groupe hexyl, issu du co-monomère octène, est trop gros pour s'insérer dans la structure cristalline de la lamelle. Une molécule de liaison se formera quand la chaîne, contenant le groupe hexyl, s'insérera dans une autre lamelle cristalline [34]. La cohésion entre les phases amorphe et cristalline et entre cristallites est assurée par les molécules de liaison [29]. Ceci va produire un PE de haut poids molaire ($M_w \sim 290$ Kg.mol^{-1}) avec 6 chaînes de carbones pendantes ordonnés d'une façon optimale.

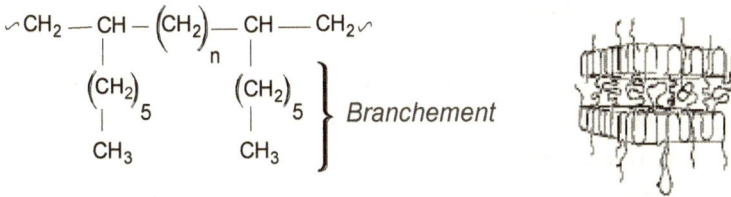

Figure 6 : Représentation de l'architecture moléculaire du PERT (a). Lamelles cristallines connectés par les chaînes contenant le groupement hexyl (b) **[32]**.

1.4 MODES DE DEGRADATION DE MATERIAUX ETUDIES

Dans cette partie sont exposés les mécanismes de dégradation susceptibles de se produire dans les conditions d'exploitation des réseaux d'eau chaude sanitaires en fonction du matériau.

1.4.1 ACIER GALVANISE

Les principales défaillances se produisant sur l'acier galvanisé sont issues de modes de corrosion localisée **[35]**.

La corrosion bimétallique se développe, par exemple en présence de cuivre en amont de l'acier galvanisé. La corrosion sélective peut se produire lors d'une mauvaise galvanisation de l'acier. Par conséquent, ces deux phénomènes peuvent être réduits avec une gestion rigoureuse de la conception et la construction du réseau.

La corrosion par pile d'aération différentielle est provoquée par une différence de concentration en oxygène dissous conduisant à la création d'une pile de corrosion. Elle peut se situer sous les dépôts.

Il ne faut pas oublier la corrosion uniforme du zinc. Ceci se traduit, d'un point de vue macroscopique, par une diminution régulière de l'épaisseur du métal. Les paramètres qui vont affecter la corrosion de l'acier galvanisé ont été passés en revue dans la littérature **[1, 36-38]** :

Une concentration minimum d'oxygène (2 mg.L^{-1}) dissous est nécessaire pour la formation d'une couche de corrosion protectrice **[36]**.

L'augmentation de la température accélère la vitesse de corrosion, notamment une élévation de 10 à 20°C conduit à multiplier par deux la vitesse de corrosion **[39]**. La vitesse de circulation de l'eau peut aussi avoir une influence sur la corrosion, en effet, un mécanisme d'érosion-corrosion peut être observé pour des vitesses trop élevées (>2 m.s^{-1}) **[40, 41]**. La vitesse de corrosion uniforme du zinc s'accélère lorsque le pH de l'eau diminue. Le CO_2 en excès peut être à l'origine des phénomènes de cloquage dans la couche de zinc **[36]**. Finalement, le titre alcalimétrique complet (TAC) joue aussi un rôle dans la formation des produits de corrosion.

1.4.1.1   Durabilité de l'acier galvanisé dans les réseaux d'eau, influence des paramètres opérationnels

L'acier galvanisé est l'un des matériaux les plus présents dans les réseaux d'eau sanitaire. Parmi les matériaux utilisés en plomberie, l'acier galvanisé est le plus concerné par des cas de corrosion. La corrosion des installations d'eau sanitaire concerne 80% des cas en eau chaude et 20% en eau froide **[41]**. Par conséquent, depuis quelques années, l'acier galvanisé n'est plus privilégié dans les réseaux d'eau chaude sanitaire. En effet, des contraintes rigoureuses concernant la qualité de l'eau doivent être respectées afin de pouvoir utiliser des canalisations en acier galvanisé pour transporter l'eau chaude sanitaire (tableau 5) **[42]**.

Eau chaude sanitaire (conditions à 20°C pour véhiculer l'eau chaude dans l'acier galvanisé)	
Résistivité ou conductivité	4500 Ω.cm > Résistivité > 2200 Ω.cm 450 µS.cm^{-1} > Conductivité > 220 µS.cm^{-1}
Titre alcalimétrique complet ou T. A. C. au méthylorange	Supérieur à 1,6 meq.L^{-1} (8°f)
CO_2 libre	Inférieur à 15 mg.L^{-1}
Calcium en Ca^{2+}	Supérieur à 1,6 meq.L^{-1} (8°f)
Sulfates en SO_4^{2-}	Inférieurs à 2 meq.L^{-1} (96 mg/l)
Chlorures en Cl^-	Inférieurs à 2 meq.L^{-1} (71 mg/l)
Sulfates et chlorures	Inférieurs à 3 meq.L^{-1}

Tableau 5 : Conditions de l'eau à respecter à 20°C pour véhiculer l'eau chaude dans l'acier galvanisé **[42]**.

Une protection contre la corrosion est indispensable (injection de produit filmogène) si une ou plusieurs conditions du tableau 5 ne sont pas respectées.

1.4.1.1.1   Séquence d'oxydation de l'acier galvanisé

Le revêtement de zinc issu de la galvanisation à chaud permet, dans des conditions chimiques et électrochimiques favorables, la formation d'une couche de produits de corrosion protectrice. Cette couche, formant une barrière à la diffusion d'oxygène modifie la vitesse de corrosion. Elle est composée de produits de corrosion du fer, du zinc et aussi de carbonate de calcium (tartre). La formation de cette couche protectrice peut se diviser en plusieurs étapes **[36, 43-46]** :

1. dès les premiers jours de fonctionnement, le zinc s'oxyde et libère des ions Zn^{2+}. Ces ions précipitent pour former des produits de corrosion poreux et hydratés, principalement d'hydrozincite ($Zn_5(CO_3)_2(OH)_6$), de zincite (ZnO) et d'hydroxyde du zinc ($Zn(OH)_2$) ;

2. comme les produits de corrosion formés sont poreux, la corrosion du zinc continue. Puis, le carbonate du zinc fait son apparition ($ZnCO_3$) ;

3. la couche de produits de corrosion continue à évoluer dans le temps. Alors, les composés les plus solubles disparaissent pour laisser place aux produits de corrosion plus compacts et plus stables thermodynamiquement. La formation de carbonate du zinc assure ainsi une barrière entre l'électrolyte et le métal qui ralentit la vitesse de corrosion ;

4. une fois tout le zinc consommé, les phases intermétalliques, zinc/fer, sont attaquées. Cette attaque va produire des carbonates mixtes de fer et   zinc ;

5. finalement, le zinc et les alliages fer/zinc disparaissent, c'est à ce moment-là que le fer est attaqué. Néanmoins, si les conditions étaient favorables, la corrosion du fer serait lente car les produits de corrosion formés précédemment vont servir de barrière physique.

D'après Kruse **[47]**, la vitesse de corrosion du zinc est influencée par la présence de couches protectrices qui modifient l'accessibilité de l'oxygène. Les produits formés par la première couche du zinc composant la couche protectrice sont $Zn(OH)_2$ et $Zn_5(OH)_6(CO_3)_2$ avec ultérieurement des dérivés d'oxydation du fer provenant des couches d'alliage Fe-Zn. Dans des conditions pratiques réelles, l'acier galvanisé se comporte différemment du zinc pur après 10 à 30 jours d'utilisation. C'est-à-dire qu'à ce moment, on atteint les couches d'alliages Fe-Zn, ce qui se traduit par un anoblissement du potentiel. En effet, le potentiel de corrosion du zinc est bien éloigné de celui de l'acier, en revanche, les différentes couches d'alliage Fe-Zn ont des potentiels de corrosion situés entre celui du zinc et celui du fer. Par conséquent, afin de comprendre le comportement de l'acier galvanisé, l'étude de la corrosion du zinc n'est pas suffisante. En effet, tôt ou tard, toute installation d'acier galvanisé va se comporter comme une installation en acier nu.

1.4.1.1.2   *Elévation de la température*

L'augmentation de la température accélère la vitesse de corrosion. Une élévation de 10 à 20°C conduit à multiplier par deux les vitesses de corrosion **[39].**

En outre, la couche de galvanisation peut perdre son caractère sacrificiel par rapport au fer à des températures supérieures à 60°C. En effet, les produits de corrosion formés aux températures élevées sont de nature différente que ceux formés à basse température.

L'inversion de polarité qui peut se produire entre le zinc et l'acier quand la température critique est dépassée, a déjà été étudiée dans les années 70 **[48, 49].** Il a été constaté la nécessité de concentrations élevées en ions nitrate et carbonate dans l'eau pour que ce phénomène d'inversion se produise et aussi que de faibles quantités d'ions chlorure et sulfate suffisent à empêcher l'inversion de polarité.

Finalement, l'étude de Talbot **[49]** conclut que l'inversion de polarité ne justifie pas les défaillances de l'acier galvanisé se produisant en eau chaude, à moins que l'inversion de polarité ne soit associée à la présence des ions Cu^{2+}.

Talbot se base sur le fait que l'intensité galvanique passant dans le couple fer-zinc restait très faible. Mais, en général, la défaillance des canalisations en acier galvanisé aux environs des températures de 50-70°C est toujours associée à un mode de corrosion localisée **[37, 38, 50].** Donc, même si l'intensité galvanique mesurée est faible, l'inversion de polarité pourrait justifier les défaillances de l'acier galvanisé trouvées en eaux chaudes de qualités bien définies.

Cependant, l'inversion de polarité n'est pas la raison majeure qui pousse les gestionnaires à remplacer les réseaux en acier galvanisé mais plutôt le fait qu'au-dessus de 54°C, la couche de galvanisation disparait car les produits de corrosion du zinc sont plus solubles dans l'eau à cette température **[51]**. En effet, la vitesse de dissolution du zinc croît rapidement à partir de 50°C et devient maximale au-delà de 60°C **[52]**.

1.4.1.1.3   *Produits filmogènes*

Depuis les années 70, il a été noté l'exigence de protéger les canalisations d'eau chaude en acier galvanisé par l'injection de produits filmogènes **[38, 53]**. A ce jour, l'utilisation des produits filmogènes sur les canalisations en acier galvanisé est imposée quand les qualités d'eau listées sur le tableau 5 ne sont pas respectées **[42]**. Ces produits filmogènes (formés principalement de silicates et phosphates), qui forment un film protecteur sur la surface interne des canalisations, peuvent diminuer la vitesse de corrosion du zinc d'un facteur 3 **[54]**. Ils ont une double action : lutter contre la corrosion et lutter contre l'entartrage.

Le filmogène agit en bloquant les réactions cathodiques, les réactions anodiques ou les deux réactions simultanément.

Les modes d'action des silicates et des phosphates, en tant qu'inhibiteurs de corrosion, ont été développés dans plusieurs travaux **[43, 46, 55-57]**.

En tant qu'inhibiteur cathodique, le filmogène réduit la vitesse de corrosion en se fixant sur la cathode et en augmentant fortement la résistance de l'électrolyte pour produire une diminution de l'intensité de corrosion. En tant qu'inhibiteur anodique, il forme à la surface du métal, un dépôt imperméable aux gaz et aux ions, la corrosion uniforme est donc ralentie.

Les polyphosphates facilitent l'inhibition cathodique en interférant sur la réduction de l'oxygène. Son efficacité est, entre autres, assurée par le calcium et autres ions multivalents qui forment un complexe colloïdal chargé positivement. Ce complexe conduit à la formation d'un film de phosphates amorphe **[57, 58]**. Ce film a une épaisseur de l'ordre de 10 nm et constitue un "écran" entre l'eau et le métal et une barrière contre la diffusion de l'oxygène vers la surface du métal. Les polyphosphates améliorent l'adhérence des dépôts de carbonate de calcium et les rendent également moins poreux et plus cristallins, ralentissant la vitesse de corrosion. Leur pouvoir d'action dépend de la qualité d'eau. Un pH faible et des teneurs en ions bivalents élevées favorisent son action.

Le mode d'action des silicates varie principalement en fonction du pH et du TH de l'eau. Les publications concernant les silicates abordent différents mécanismes de protection. Blanchard [52] évoque une interaction des silicates avec les produits de corrosion pour former un film protecteur constitué d'une couche plus uniforme des produits de corrosion de carbonates de zinc et de calcium. Foucault et Mayer [38, 56] émettent l'hypothèse que l'action inhibitrice anodique des silicates est due à la fois à l'augmentation du pH et à la formation d'une couche à forte teneur en silicates.

1.4.1.1.4   Addition de NaClO

Gagnon et al. [59] ont évalué l'effet de l'hypochlorite de sodium (0,2 ppm) à température ambiante, sur un pilote construit en fonte. Ils ont utilisé une sonde à deux électrodes (Corrator) pour mesurer la vitesse de corrosion et donner une notion quantitative de la tendance à la corrosion par piqûre dans la boucle en fonte. La mesure est basée sur la technique de polarisation linéaire. La durée de l'expérience a été de 9 mois. Ils ont trouvé que la vitesse de corrosion est significativement plus élevée sur les boucles chlorées avec de l'hypochlorite de sodium par rapport aux boucles chlorées avec des monochloramines.

Treweek et al. [60] ont construit un pilote comportant six lignes en PVC avec des coupons de différents métaux, dont l'acier galvanisé. Ils ont comparé l'effet de l'addition de deux désinfectants, l'un à base d'hypochlorite de sodium (1 ppm) et l'autre à base de monochloramine. Ils ont mesuré la vitesse de corrosion avec une méthode gravimétrique mais aussi avec une méthode chimique (dosage des ions en solution). La durée totale de l'essai a été de 18 mois. En conclusion, les auteurs ont observé que le temps requis pour atteindre une vitesse de corrosion stable (13 $\mu m.an^{-1}$) ne dépendait pas du désinfectant et était compris entre six et huit mois pour l'acier galvanisé.

Finalement, il est à noter qu'à notre connaissance, aucun travail n'a étudié l'influence de la température couplé au désinfectant.

1.4.2 CUIVRE

La corrosion du cuivre peut se décliner sous plusieurs formes **[1, 35, 61-64]** ; cependant, les modes de corrosion localisée sont les modes les plus endommageant pour les canalisations.

La corrosion érosion, cavitation et abrasion proviennent d'une mauvaise conception du réseau (vitesses trop importantes, changements de direction, aspérité, absence de té de raccord, *etc.*). La corrosion par piqûre ("pitting") représente le mode de corrosion le plus dégradant dans les canalisations d'eau chaude sanitaire. D'après la littérature, principalement deux modes de corrosion par piqûres sont susceptibles de se produire en fonction de la nature de l'environnement. Le "pitting" I a lieu en eau froide, mais ce phénomène n'existe plus pour les matériaux marqués NF (logo NF dans 1 ovale) qui font référence à la norme NF EN 1057 **[65]**.

Dans les réseaux d'eau chaude sanitaire, la corrosion par "pitting" II est susceptible d'apparaitre sur le cuivre. Le "pitting" II se produit exclusivement dans des eaux chaudes donc ce type de corrosion est envisageable dans notre étude. Néanmoins, c'est un cas assez rare qui a lieu dans des eaux de composition particulière. Lorsque le rapport $\frac{[HCO_3^-]}{[SO_4^{2-}]}$, est inférieur à 1, il existe une forte présomption d'une tendance à la piqûration de type II **[62, 63]**.

La morphologie de piqûres est bien particulière puisqu'elle ne présente pas, en général, de produits de corrosion. Parfois, de petits monticules noirs verdâtres constitués d'hydroxysulfates cuivriques comme de la brochantite sont visibles.

Le faciès de la corrosion de type II est constitué de petites piqûres rondes distribuées au hasard sur toute la surface du tube ou alignées longitudinalement ou encore avec des contours irréguliers ou en paquets formant des sillons.

De son côté, la corrosion uniforme se produit quand toute la surface du tube est attaquée de la même façon. Dans les conditions classiques d'utilisation, sa vitesse ne pose pas de problème, elle ne devient dangereuse que pour des pH acides en dessous de 5.

1.4.2.1 Durabilité du cuivre dans les réseaux d'eau, influence des paramètres opérationnels

Comme l'acier galvanisé, le cuivre a été utilisé pour transporter l'eau depuis de nombreuses décennies.

1.4.2.1.1 *Séquence de corrosion du Cu en contact avec l'eau*

En contact avec l'eau de pH neutre ou basique, le cuivre va se corroder naturellement, mais les produits de corrosion formés sont très peu solubles dans l'eau. Par conséquent, la couche de produits de corrosion protecteurs va limiter la vitesse de corrosion du cuivre.

La séquence d'oxydation du cuivre dans l'eau est composée en général de deux étapes **[66-71]**. Dans un premier temps, le cuivre métallique (Cu^0) passe à un état d'oxydation +1 (Cu^+). Puis, le cuivre à l'état d'oxydation +1 va encore s'oxyder vers un état d'oxydation +2 (Cu^{2+}).

En termes de produits de corrosion, le cuivre métallique va former tout d'abord de la cuprite Cu_2O (avec Cu^+). La cuprite va ensuite s'oxyder pour former de la ténorite (CuO), de l'hydroxyde de cuivre ($Cu(OH)_2$), des carbonates de cuivre (notamment de la malachite ($CuCO_3Cu(OH)_2$), des sulfates de cuivre, *etc*. Parfois, cette dernière étape peut se diviser en deux parties, premièrement la création de ténorite et ultérieurement, la transformation de la ténorite en d'autres espèces de cuivre à l'état d'oxydation +2. Le tableau 6 récapitule les principaux produits de corrosion formés par le cuivre en milieu aqueux **[15]**.

Produit de corrosion	Etat d'oxydation
$Cu(OH)$	+1
Cu_2O (Cuprite)	
$Cu(OH)_2$	+2
CuO (Tenorite)	
$Cu_4(OH)_6Cl_2$ (Atacamite)	
$Cu_2(OH)_2CO_3$ (Malachite)	
$Cu_4(OH)_6SO_4$ (Bronchantite)	

Tableau 6 : Principaux produits de corrosion formés sur le cuivre en milieu aqueux.

La solubilité de chaque espèce est différente donc le caractère protecteur de la couche de produits de corrosion formée dépend de la nature des espèces qui le forment. La libération du cuivre dans l'eau potable dépend donc en grande partie du type d'incrustations formées par la corrosion dans le réseau de plomberie. On peut supposer qu'à un âge donné, les sous-produits de la corrosion détermineront les concentrations de cuivre libérées dans l'eau. La solubilité dépend donc, de la nature des incrustations de corrosion prédominantes et peut être classée par ordre décroissant comme suit [72] : hydroxyde cuivreux ($Cu(OH)_2$) > bronchantite ($Cu_4(SO_4)(OH)_6$) >> phosphate cuivrique ($Cu_3(PO_4)_2$) > ténorite (CuO) et malachite ($Cu_2(OH)_2CO_3$). La ténorite et la malachite sont considérées comme des produits de corrosion protecteurs. En effet, les concentrations de cuivre continuent de diminuer avec l'âge des réseaux même après 10 ou 20 ans d'utilisation, lorsque les incrustations de ténorite ou de malachite tendent à prédominer [72].

1.4.2.1.2 Influence de l'addition de NaClO et de l'élévation de la température

Plusieurs travaux ont étudié l'influence de la température et de l'addition de désinfectant sur la vitesse de corrosion du cuivre. Par exemple, Atlas *et al.* [73] se sont intéressés à l'influence de la chloration à pH 5 et pH 8 à température ambiante. Malheureusement, la durée des essais était très limitée (24 heures). Le chlore a été introduit sous forme d'acide hypochloreux (HClO à une concentration de 6 mg.L^{-1} de chlore libre), et le pH a été ajusté après la chloration par addition d'acide chlorhydrique ou de soude. Afin d'accélérer la corrosion, des tubes perforés ont été utilisés. En effet, d'après cet auteur, l'utilisation des tubes perforés est une pratique non normalisée qui permet d'accélérer les réactions de corrosion. La vitesse de corrosion a été évaluée en mesurant la quantité d'ions de cuivre dissous dans l'eau. L'addition de désinfectant a produit une augmentation du cuivre dissous pour le pH 5. Ceci pourrait montrer que les espèces issues du désinfectant à pH 5 (HClO) sont plus agressives face au cuivre que celles issues d'une solution à pH 8 (ClO⁻). Par contre, à pH 5 les produits de corrosion du cuivre sont aussi moins stables, donc les conclusions sur l'corrosivité des espèces issues du désinfectant sont à prendre avec précaution. La courte durée des essais ne permet pas d'extrapoler à des temps de vieillissement plus longs. En effet, c'est la solubilité des produits de corrosion formés qui va contrôler la vitesse de corrosion du cuivre, et en 24 heures, la couche de produits de corrosion protectrice n'a probablement pas eu le temps de se former. Finalement, il est à noter que l'ajustement du pH a été réalisé par addition d'acide chlorhydrique, donc il semble difficile de juger de l'impact du chlore si on rajoute des ions chlorure (Cl⁻). En effet, il paraît plus rigoureux d'utiliser un autre acide pour ajuster le pH.

Boulay et Edwards **[74]** ont étudié le vieillissement des canalisations de cuivre en mode statique. Les échantillons ont été testés six mois à 4, 20, 24 et 60°C, à deux pH : 7 et 9,5 et avec la présence (0,7 et 1,5 ppm) ou non du chlore libre sous la forme NaOCl. La solution était renouvelée trois fois par semaine. Les vitesses de corrosion ont été estimées à partir de la concentration des ions de cuivre qui passaient dans la solution. La vitesse de corrosion du cuivre était 5 fois plus grande avec un pH de 7 sans ajout de désinfectant. La température de 60°C induit une augmentation de la vitesse de corrosion, par contre, ils n'ont pas trouvé de différences significatives entre les trois autres températures. L'addition de 0,7 ppm de chlore libre n'augmente pas la vitesse de corrosion à pH 7 mais elle augmente d'une façon significative la vitesse de corrosion à pH 9,5. Ce dernier résultat est en contradiction avec les résultats présentés par Atlas et al. **[73]**. En effet, à pH 7 l'espèce prédominante du désinfectant est HClO. Cependant, à pH 9,5 l'espèce prédominante est ClO⁻. Donc il se pourrait que l'espèce ClO⁻ soit la plus agressive vis-à-vis du cuivre contrairement à ce qui avait été observé par Atlas et al. **[73]** après 24 heures de vieillissement.

Le pilote utilisé dans les travaux de Treweek et al. **[60]** (§ 1.4.1.1.4) comportait aussi des coupons de cuivre. Ils ont comparé l'effet de l'addition de deux désinfectants, l'un à base d'hypochlorite de sodium (1 ppm) et l'autre à base de monochloramine, à température ambiante. Ils ont mesuré la vitesse de corrosion avec une méthode gravimétrique mais aussi avec une méthode chimique. La durée totale de l'essai a été de 18 mois. Finalement, ils ont trouvé qu'il n'y pas de différences significatives entre la vitesse de corrosion des matériaux en utilisant un désinfectant ou un autre. Par rapport au temps requis pour atteindre une vitesse de corrosion stable, ils ont trouvé un temps compris entre six et huit mois pour le cuivre. Dans ce cas-là, le désinfectant choisi n'a pas non plus d'influence. La vitesse de corrosion qu'ils ont trouvée pour le cuivre en contact avec l'hypochlorite de sodium est de 6 $\mu m.an^{-1}$.

MacQuarrie et al. **[75]** ont utilisé un pilote ayant sept boucles afin d'évaluer l'efficacité des agents anticorrosifs (filmogènes à base phosphates et silicates) à température ambiante. Les taux de corrosion du cuivre ont été mesurés pendant 12 mois sur des pièces de canalisations, prélevées à intervalles réguliers (tous les trois mois). Les vitesses de corrosion des lignes traitées avec filmogène sont entre 2 et 5 fois inférieures à celle de la ligne de référence du cuivre qui était de 11,1 $\mu m.an^{-1}$. Les traitements anticorrosion (traitements filmogènes) sont tous efficaces.

Les traitements filmogènes sont très répandus pour l'acier galvanisé mais, ils sont presque inexistants pour les canalisations en cuivre. Cependant, les travaux réalisés sur le cuivre montrent aussi un effet positif au niveau de la corrosion du cuivre **[75]**.

En conclusion, d'après la littérature, au moins dans la première année de service, l'addition de chlore comme désinfectant pourrait avoir un effet négatif sur la durabilité du cuivre.

Comme pour l'acier galvanisé, il y a très peu de travaux étudiant l'influence de l'addition de désinfectant couplée aux températures élevées.

Dans le tableau 7, sont récapitulés quelques travaux étudiant la durabilité du cuivre en présence d'hypochlorite de sodium. Des travaux étudiant l'influence des chlorures sur la corrosion du cuivre sont aussi présentés. En effet, le désinfectant (NaClO) va également libérer des ions chlorures qu'il faudra prendre en considération.

En résumé, lorsqu'on ajoute de l'acide hypochloreux dans un approvisionnement en eau, il devient l'oxydant dominant des surfaces en cuivre **[73]**. Des études comme celle d'Atlas et al. **[73]** ont montré qu'un résiduel de chlore libre favorisait la corrosion du cuivre en conditions acides. En conditions plus basiques, à un pH de 9,3, l'ajout de chlore réduisait la vitesse de corrosion du cuivre **[76]**. Mais, ces résultats sont en contradiction avec ceux observés par Boulay et Edwards **[74]** qui n'observent pas d'augmentation de la vitesse de corrosion pour un pH neutre de 7, alors qu'ils l'observent pour un pH proche de 9,5. Par conséquent, même si le cuivre a fait l'objet de nombreuses études, la conclusion sur l'effet de l'addition d'hypochlorite de sodium et des ions chlorure à la solution n'est pas clairement établie. En effet, l'hypochlorite de sodium paraît augmenter la vitesse de corrosion du cuivre mais cette augmentation aurait une forte dépendance avec la valeur du pH et aussi de l'état de vieillissement de la canalisation en cuivre. Par rapport aux ions chlorure, la plupart des études faites en laboratoire montre une augmentation de la vitesse de corrosion de cuivre. Cependant, Edwards et Ferguson **[76]** montrent que la présence d'ions chlorure sur des canalisations déjà vieillies peut diminuer la vitesse de corrosion du cuivre.

Condition	Concentration (mg.L^{-1})	Température (°C)	pH	Temps de vieillissement (heures)	Résultats	Réf.
Statique	6 (NaClO)	Ambiante	5 et 8	24	➤ Le désinfectant produit une augmentation de la vitesse de corrosion à pH 5.	[73]
Dynamique	34 (Cl$^-$)	Ambiante	7,6	4 (Vieillissement accéléré)	➤ Les ions Cl$^-$ diminuent la vitesse de corrosion des canalisations déjà vieillies.	[62]
Statique	0,7 et 1,5 (NaClO)	4, 20, 24 et 60	7 et 9,5	4320 (6 mois)	➤ Vitesse de corrosion 5 fois plus élevée à pH 7. ➤ Seule la température 60°C augmentait la vitesse de corrosion. ➤ Le désinfectant n'augmentait pas la vitesse de corrosion à pH 7. ➤ Le désinfectant augmentait la vitesse de corrosion à pH 9,5	[74]
Dynamique	Non reporté (Cl$^-$)	18	9,3	24 (vieillissement accéléré)	➤ L'addition d'ions Cl$^-$ diminue la vitesse de corrosion sur des canalisations déjà vieillies.	[76]
Dynamique	1 (NaClO)	Ambiante	7	12960 (18 mois)	➤ Le désinfectant n'a pas d'influence sur le temps requis pour atteindre une vitesse de corrosion stable. ➤ Vitesse de corrosion 0,3 mm.an^{-1}.	[60]
Dynamique	0	Ambiante	7 ; 7,5 ; 8 ; 9	8640 (12 mois)	➤ Les traitements « filmogènes » réduisent de façon significative la vitesse de corrosion du cuivre.	[75]

Tableau 7 : Récapitulatif des études sur la durabilité du cuivre en réseau d'eau.

1.4.3 PVCc

Le PVCc comporte les mêmes unités structurales que le PVC (CH_2, $CHCl$), et aussi CCl_2. Les modes de dégradation sont-ils, pour autant, les mêmes pour le PVC que pour le PVCc ? La réponse est probablement positive mais aucun élément issu de la littérature ne permet d'en vérifier la véracité.

Plusieurs modes de dégradation sont susceptibles de se produire : la thermo-oxydation, la dégradation thermique anaérobie, le vieillissement par relaxation structurale, la déshydrochloruration, les pertes de plastifiant ou des additifs et le vieillissement hydrolytique [77-82].

Aux températures caractéristiques d'un réseau d'eau chaude sanitaire (plus de 50°C en dessous de T_g), ni le vieillissement thermique anaérobie, ni le vieillissement par relaxation structurale, ni la déshydrochloruration ne devraient être significatifs. Par conséquent, la thermo-oxydation qui est un mode de dégradation commun pour tous les polymères hydrocarbonés [77], semble le mode de dégradation principal qui peut affecter le PVCc dans les réseaux d'eau chaude sanitaire [78].

Il ne faut pas oublier le vieillissement par absorption d'eau, l'eau étant un plastifiant relativement efficace des polymères dans lesquels elle pénètre. Cependant, le PVCc est, *a priori*, un matériau très peu hydrophile, (absorbant à l'équilibre moins de 0,5% en masse) donc les effets de plastification devraient en principe être insignifiants [83, 84].

1.4.3.1   Durabilité du PVCc dans les réseaux d'eau, influence des paramètres opérationnels

Le PVCc est utilisé pour transporter l'eau depuis plus de 20 ans. Aucune défaillance notable n'a été reportée sur les installations équipées en PVCc. Néanmoins, des travaux ont été menés afin de prévoir à partir des essais de vieillissement naturel ou accéléré le comportement de ce matériau polymère.

1.4.3.1.1   Travaux concernant la dégradation du PVC et du PVCc

Dans cette partie du manuscrit, seront présentés des travaux traitant du comportement du PVCc ou PVC en présence des solutions chlorées. Afin de trouver de possibles indicateurs de vieillissement, les travaux concernant la dégradation du PVC ou PVCc seront aussi passés en revue.

Très peu d'études traitent de la dégradation du PVCc dans les conditions qui nous préoccupent (en contact avec du désinfectant). Même dans d'autres conditions, très peu de travaux font référence à la dégradation du PVCc. En revanche, le PVC (matériau très proche du PVCc), a fait l'objet de plusieurs études.

Munier **[85]** a étudié le vieillissement du PVCc par des essais de pression hydrostatique selon la norme NF EN 921 **[86]**. Ces essais consistent à soumettre des éprouvettes à une pression hydrostatique constante pendant une durée définie ou jusqu'à la rupture. Le but était de déterminer le temps de rupture pour une contrainte constante et d'établir les courbes de régression en fonction du temps. Ces essais sont isothermes (80 ou 95°C), le milieu extérieur à l'éprouvette peut changer mais le milieu intérieur est toujours l'eau. Les éprouvettes sont des tubes dont la longueur est variable et le diamètre nominal est de 25 mm. Les analyses réalisées ont permis de mettre en évidence l'existence d'une évolution significative de la structure chimique, à une température supérieure ou égale à 80°C. Les résultats exposés peuvent apparaître paradoxaux car ils montrent une dégradation plus rapide des échantillons vieillis à 80°C qu'à 95°C. Mais dans les expériences effectuées à 80°C, le milieu extérieur était l'eau, par contre dans les expériences conduits à 95°C, le milieu extérieur était l'air. On admet que l'eau présente dans le milieu extérieur joue un rôle crucial. Pour vérifier cette hypothèse, l'interaction eau-polymère est étudiée par voie gravimétrique, en faisant des essais d'immersion à 20, 60, 80 et 100°C pendant 10000 heures. Excepté à 20°C, l'absorption d'eau atteint des niveaux étonnamment élevés (entre 1% et 15% de prise de masse). Ceci serait lié à un endommagement du polymère par un phénomène de "cavitation". En effet, l'endommagement du polymère se traduit par la création de cavités dans le matériau et ces cavités augmentent la capacité d'absorption du matériau. Cet endommagement est responsable d'une diminution des propriétés à la rupture et joue donc un rôle dans la durabilité du matériau.

Barthélémy [83] suit cette même ligne de travail et mesure par gravimétrie l'absorption d'eau du PVCc à différentes températures avec la présence ou non de désinfectant (NaClO à des concentrations de 1 et 100 mg.L^{-1}), avec deux montages différents : le premier représentatif d'un réseau réel (échantillon rempli d'eau) et le deuxième avec l'échantillon directement immergé dans l'eau.

Il conclut que la présence de désinfectant n'a pas d'influence sur l'absorption d'eau, donc sur la « cavitation » du PVCc. Cependant, la température a une forte influence, et le phénomène de cavitation ne devient significatif qu'à partir de 80°C. Il trouve également que le montage expérimental a une forte influence sur l'apparition de ce phénomène. En effet, avec le montage représentatif d'une canalisation réelle (échantillon rempli d'eau) le phénomène de cavitation est négligeable.

Al-Malack et al., Hiem et al. et Skjevrak et al. [87-89] ont évalué l'influence de la température, de la concentration de désinfectant, du pH, du total de solides dissous (TDS) et du temps d'exposition sur la migration du monomère de chlorure de vinyle (VCM) à partir des tubes de PVC ou PVCc. Les résultats montrent une corrélation positive entre le pH de plus en plus acide, la température et la concentration de désinfectant avec la migration de VCM dans l'eau. Même si la migration du monomère pourrait avoir un effet sur le vieillissement du polymère, il n'y a pas d'études qui relient la migration des monomères à la durabilité du matériau.

Plusieurs auteurs ont testé le PVCc ou le PVC dans des conditions très agressives de température et de concentration en désinfectant. Fumire [90] a testé des canalisations en PVC avec la méthode ISO 4433 [91], à 40°C et avec une concentration de désinfectant de 8 mg.L^{-1}. Après vieillissement, les échantillons ont été caractérisés avec des essais de traction, de stabilité thermique (étude de la déshydrochloruration DHC) et de viscosité (poids moléculaire). Des images en microscope optique et électronique ont aussi été prises avant et après vieillissement. Aucune des techniques de caractérisations employées n'a montré de dégradation du PVCc.

TempRite® Engineered Polymers **[92]** a aussi testé des canalisations en PVCc et n'a pas trouvé de dégradations significatives après 7 ans de vieillissement avec une concentration de désinfectant supérieure à 1000 mg.L^{-1} à 60°C. Bodycote **[93]** a testé l'influence d'une solution d'hypochlorite de sodium sur le PVC-U (PVC sans plastifiant) en le comparant avec le PE-100 (polyéthylène de haute densité) à 40°C avec une pression interne de 4 bar en concluant que le PVC est nettement plus résistant que le PE.

En conclusion, le PVC et le PVCc paraissent des matériaux très résistants à la dégradation. Par conséquent, l'identification des indicateurs de vieillissement du PVCc reste un enjeu intéressant et fera l'objet d'une partie de ce travail.

1.4.4 PERT

Etant un matériau récent, peu de travaux relatent des dégradations relatives au PERT. En revanche, le PERT a une formulation très proche de celle du polyéthylène (largement étudié), c'est pourquoi un mécanisme de dégradation par oxydation pourrait être attendu.

L'oxydation peut être initiée par la chaleur, la lumière, des contraintes mécaniques, la présence de résidus de catalyse ou des impuretés qui vont amorcer des radicaux libres **[94]**. Les radicaux libres peuvent ensuite réagir avec le polymère. Le schéma qui décrit le processus d'oxydation est divisé en trois étapes : initiation, propagation et terminaison (tableau 8).

Initiation : produite par l'addition d'énergie, cela produit la formation de radicaux	polymère ou impureté $\rightarrow$ P°
Propagation : consiste à la réaction d'un radical libre avec l'oxygène.	P°+O$_2$ $\rightarrow$ POO° POO°+PH $\rightarrow$ POOH+P°
Terminaison : produit lorsque les radicaux réagissent entre eux et forment un produit inerte	POO°+POO° $\rightarrow$ produits inactifs POO°+A $\rightarrow$ produits inactifs

Tableau 8 : Processus d'oxydation des polyoléfines (P° sont les radicaux. PO° sont les radicaux alkoxy. POO° sont les radicaux peroxydes, POOH les hydroperoxydes et A les antioxydants).

Pour prolonger la durée de vie du PERT et des polymères en général, des additifs antioxydants sont utilisés. L'addition des antioxydants est vitale pour les polyoléfines, comme le PERT, car les antioxydants arrêtent le processus de dégradation.

En effet, dans le cas des polyoléfines, l'oxydation est caractérisée par l'existence d'une période d'induction (correspondante au temps de consommation des antioxydants) au-delà de laquelle la réaction d'oxydation s'accélère de manière catastrophique [95].

1.4.4.1 Durabilité du PERT/Al/PERT dans les réseaux d'eau, influence des paramètres opérationnels

En ce qui concerne le PERT, le champ de recherche est récent : Bodycote [96] a réalisé, selon les normes (ISO 1167, ISO/WD 23044, DIN 16833 et ISO/FDIS 9080), des tests permettant de garantir une durée de vie minimale lors de l'utilisation de ce matériau. Mais il ne semble pas que des investigations à caractère scientifique aient encore été menées. Nos investigations ont été alors centrées sur des matériaux proches du PERT.

1.4.4.1.1 Travaux traitant du PE en contact avec un désinfectant

Le PE a été largement étudié. Compte tenu que le PERT est un copolymère du PE, l'expérience acquise sur la dégradation de ce dernier peut servir d'aide à la compréhension de la détérioration du PERT.

1.4.4.1.1.1 Test de pression hydrostatique

Plusieurs auteurs ont réalisé des essais de pression hydrostatique afin de prédire la durée de vie des canalisations (PE) en contact avec le désinfectant [93, 97-101]. La plupart de ces tests de vieillissement accéléré utilisent des températures qui vont de 70°C jusqu'à 115°C, des pressions entre 0,03 MPa et 4 MPa et des concentrations de désinfectant (NaClO) entre 0 et 4,3 mg.L^{-1}. Tous ces travaux concluent que même les faibles concentrations de désinfectant (0,5 mg.L^{-1}) réduisent la durée de vie des canalisations. En présence de l'eau chlorée à 3 mg.L^{-1}, la durée de vie des tuyaux peut se voir réduite d'un facteur compris entre 8 et 34 [93, 97-101]. Mais, quand les concentrations de chlore sont entre 0,5 et 1 mg.L^{-1}, la durée de vie n'a diminué que d'un facteur compris entre 1,4 et 2,1 par rapport à l'eau non chlorée. Il est à noter que la durée de vie d'une canalisation en PE n'a pas une corrélation linéaire avec la concentration du désinfectant. En revanche, la littérature **[100, 101]** reporte une corrélation linéaire entre le potentiel d'oxydo-réduction (POR) des solutions et la durée de vie d'une canalisation en polyéthylène réticulé (PEX).

Les travaux présentés précédemment **[93, 97-101]** sont focalisés sur des vieillissements accélérés et ensuite des extrapolations (méthode d'Arrhenius) de la durée de vie. En effet, la méthodologie d'Arrhenius est couramment utilisée pour prédire les durées de vie des matériaux en extrapolant à partir des résultats, obtenus avec une température plus élevée, à la température de service. Cette méthode prédit une relation linéaire entre le logarithme du temps de changement d'une propriété spécifique et le réciproque de la température.

Avec ce modèle, il est supposé que :

1. le "point de défaillance" du matériel est indépendant de la température. Ainsi, il est considéré que, dans un intervalle de température, vieillissement "naturel" et vieillissement "accéléré" conduisent au même état structural.

2. l'énergie d'activation d'Arrhenius ne change pas dans la région d'extrapolation.

Ce modèle, utilisé depuis les années 40, n'est pas exempt de critiques : une faiblesse notoire de cette méthode est que la deuxième hypothèse est incertaine **[102]**. De plus, obtenir des états structuraux identiques à deux températures différentes est rare pour le vieillissement réalisé sur les polymères qui est contrôlé par des processus gouvernés par la diffusion **[103]**. En effet, les températures et pressions utilisées dans ces travaux s'éloignent assez des conditions d'utilisation réelles, par conséquent, les modes de dégradation pourraient être affectés.

1.4.4.1.1.2 Essais réalisés se rapprochant des conditions réelles.

Des essais dans des conditions de pression et de température plus proches des conditions réelles ont été réalisés par Rozental-Evesque *et al.* **[104]** et par Colin *et al.* **[105, 106]**. Les travaux de Colin *et al.* ont consisté à vieillir du polyéthylène en présence de dioxyde de chlore et les protocoles de vieillissement et la caractérisation du matériau après vieillissement utilisés sont intéressants. En effet, ils ont vieilli le PE en conditions de stagnation à deux valeurs de pH différentes (2 et 6) et à deux températures (20°C et 40°C). Après vieillissement, les propriétés mécaniques des échantillons ont été caractérisées par test de traction uniaxiale. Les propriétés rhéologiques par viscosimètrie à l'état fondu et finalement les propriétés chimiques ont été caractérisées par la spectrométrie infrarouge. De son côté, Rozental-Evesque *et al.* ont fait une étude en laboratoire afin de tester des canalisations de PE à deux températures (20°C et 40°C) et en contact avec deux types de désinfectant, l'eau de javel (100 ppm) et le dioxyde de chlore (les essais ont été réalisés à pression atmosphérique). Lors de cette étude, des morceaux de canalisation vieillis dans des conditions réelles d'utilisation ont aussi été prélevés sur des réseaux d'eau de distribution (eau froide) afin de valider le mode de dégradation trouvé en laboratoire. Ils constatent que l'eau de Javel consomme l'antioxydant dans la moitié de l'épaisseur de la canalisation. La spectrométrie infrarouge révèle la présence d'une couche oxydée (bandes des OH et carbonyles) d'une épaisseur (100 µm) très inférieure à l'épaisseur de la couche dans laquelle les antioxydants sont consommés (1 mm).

Castagnetti *et al.* **[107]** ont fait vieillir en dynamique des tubes de polyéthylène (PE 100) et aussi des éprouvettes haltères du même matériau pendant un an en présence de 2,5 mg.L^{-1} de NaClO à 40°C, 7,1 de pH et 2,5 bar de pression. Ils ont observé que l'hypochlorite de sodium n'induit pas de changement des performances mécaniques de l'échantillon. Néanmoins, l'hypochlorite de sodium produit des changements au niveau chimique (d'après les résultats du temps d'induction à l'oxydation OIT).

Devilliers *et al.* **[108]** ont fait des essais en conditions statiques et dynamiques sur des échantillons de PE haute densité (HDPE). Ils ont testé l'influence de l'hypochlorite de sodium sur la vitesse de dégradation de ce matériau. Afin d'accélérer le vieillissement trois concentrations d'hypochlorite de sodium élevées ont été employées : 70, 400 et 4000 ppm. La température des solutions était d'environ 20°C et le pH des solutions a été ajusté avec de l'acide chlorhydrique (HCl) à une valeur de 7. Les échantillons ont été caractérisés après vieillissement à l'aide la spectroscopie infrarouge, notamment en mesurant les variations de concentration des groupements carbonyle (C=O). Les résultats montrent une augmentation de la concentration de carbonyle lors du vieillissement, cette augmentation étant proportionnelle à la concentration d'hypochlorite de sodium. Ils concluent que la vitesse d'oxydation du polymère, caractérisée par les coupures de chaînes, est fortement corrélée à la concentration du désinfectant.

Finalement, ces travaux s'accordent sur le mécanisme responsable de la dégradation du PE : tout d'abord, les antioxydants contenus dans le polymère vont être consommés dans la paroi interne du tube. Cette consommation est suivie d'une oxydation de la partie interne du tube. L'oxydation va produire l'apparition de micro-fissures qui vont ensuite se propager en profondeur à travers la paroi, l'oxydation avançant avec la fissure. Les derniers états de la défaillance sont la rupture et le percement du tube [109].

Le tableau 9 récapitule les conditions de vieillissement et les indicateurs de vieillissement trouvés pour différents travaux.

Matériau	Méthode	[Cl₂] (ppm)	Température (°C)	pH	P (MPa)	Indicateurs de vieillissement	Temps (jours)	Réf.
PEHD	Circulation	3	25 ; 95 ; 105	6,45	1	➢ Baisse de l'OIT (OIT <10% de la valeur initiale) ➢ Augmentation de la cristallinité (~7%) ➢ Evolution du spectre IR (Augmentation de l'intensité du groupement C=O).	34	[97]
PE100	Circulation	2,5	40	7,1	2,5	➢ Baisse de l'OIT (60% de la valeur initiale)	365	[107]
PE	Circulation	100	20 ; 40	Non reporté	0,1	➢ Baisse de l'OIT (OIT <20% de la valeur initiale) ➢ Evolution du spectre IR (Augmentation de l'intensité de groupements C=O et OH)	6570	[104]
PE (Lacqtène 1002 CN 22)	Stagnation	0	Ambiante	Non reporté	0,1	➢ Evolution du spectre IR (Augmentation de l'intensité du groupement C=O).	N.R.	[110]
Polyoléfine (pas de détail)	Circulation	0 ; 0,5 ; 1 ; 3	115 ; 105 ; 95	6,6	1,4 ; 1,1 ; 0,7 ; 0,6	➢ Baisse de l'OIT	77	[98]
PE100	Stagnation	0	20 ; 40 ; 60 ; 80	Non reporté	6,5	➢ Baisse de l'OIT (OIT <10% de la valeur initiale) ➢ Evolution du spectre IR (Augmentation de l'intensité du groupement C=O).	833, 3292	[111]
PEHD	Stagnation et circulation	70 ; 400 ; 4000	Ambiante	7	Non reporté	➢ Evolution du spectre IR (Augmentation de l'intensité du groupement C=O). ➢ Baisse de la masse molaire moyenne	105	[108]

Tableau 9 : Récapitulatif des études sur la durabilité du PE.

1.5 CONCLUSION ET APPROCHE CRITIQUE

Les contraintes sur les réseaux d'eau chaude sanitaire, en termes de réglementation sanitaire, deviennent de plus en plus strictes. Par ailleurs, une mauvaise conception hydraulique du réseau d'eau chaude sanitaire peut créer un milieu favorable au développement des bactéries (chute de la température). Ceci implique l'utilisation de traitements de désinfection de plus en plus fréquente à des concentrations plus ou moins maitrisées, voire localement en surdosage. Malheureusement, ces traitements de désinfection vont avoir un impact direct sur la durabilité de la plupart des matériaux couramment utilisés dans ces réseaux.

Au niveau des métaux, la qualité de la couche de produits de corrosion formée sur la surface de la canalisation va conditionner la valeur de la vitesse de corrosion. La couche de produits de corrosion formés, la continuité et la porosité seront les facteurs qui vont déterminer la durabilité des canalisations métalliques.

Au niveau des polymères, les caractéristiques du polymère, de ses antioxydants face à la solution contenant le désinfectant et aussi la diffusivité des espèces agressives qui entrent dans le polymère et le fragilisent en épaisseur, seront déterminantes pour la durabilité de l'installation.

Les indicateurs de vieillissement à suivre qui ont été identifiés par la revue bibliographique sont listés sur le tableau 10 en fonction des matériaux.

Matériaux	Indicateurs de vieillissement
Cuivre	Mode de corrosion (par piqûre ou uniforme)
	Vitesse de corrosion (si corrosion uniforme)
Acier galvanisé	% de la couche de galvanisation dégradée
	Profondeur de l'attaque sous les pustules
PVCc	Evolution du spectre infrarouge (apparitions de groupements OH ou C=O)
	Evolution des propriétés mécaniques
	Prise en eau
PERT	Consommation des antioxydants
	Evolution du spectre infrarouge (apparitions de groupements OH ou C=O)
	Evolution des propriétés mécaniques

Tableau 10 : Indicateurs de vieillissement à suivre en fonction du matériau.

La revue bibliographique a relevé plusieurs points à approfondir :

➢ la chimie de l'hypochlorite de sodium (désinfectant chimique le plus utilisé en France) aux températures de service d'un réseau d'eau chaude sanitaire n'est pas bien connue. En effet, connaître les espèces agressives présentes dans la solution est capital pour comprendre les mécanismes de dégradation des matériaux ;

➢ même si les matériaux "traditionnels" (cuivre et acier galvanisé) ont fait l'objet des nombreuses études, l'interaction durabilité / désinfectant / température, n'a pas été étudiée en profondeur. De plus, les études existantes sur le sujet ont des résultats et conclusions parfois contradictoires ;

➢ finalement, deux matériaux "innovants" (PERT et PVCc) font aussi partie de cette étude. A ce jour, ces deux matériaux ont été peu étudiés, et leur comportement en contact avec des désinfectants à des températures élevées est encore à évaluer.

CHAPITRE 2 : DEMARCHE EXPERIMENTALE, MATERIELS ET METHODES

Dans ce deuxième chapitre seront présentés les configurations et outils utilisés afin de vieillir les matériaux, les expériences réalisées, le protocole de préparation des échantillons et les méthodes et techniques de caractérisation utilisées.

Premièrement, l'approche méthodologique est présentée. Puis, les configurations de vieillissement utilisées sont décrites. A ce moment-là, les outils développés et/ou mis en place pour vieillir les échantillons en conditions statiques et dynamiques sont abordés. Finalement, les techniques de caractérisation employées en fonction du matériau sont expliquées. Pour conclure, un récapitulatif des points principaux à relever du chapitre est donné.

2. DEMARCHE EXPERIMENTALE, MATERIELS ET METHODES

2.1 STRATEGIE ET METHODOLOGIE

Trois types d'essais peuvent être utilisés pour étudier la durabilité des canalisations :

> ➤ des essais en conditions statiques en laboratoire. Ce sont des essais faciles à mettre en œuvre, avec des coûts modérés et qui ont une bonne reproductibilité. En revanche, ils sont peu représentatifs de la réalité ;

> ➤ des essais sur pilote ou banc d'essais. Ces derniers sont difficiles à mettre en œuvre et d'un prix nettement plus élevé que les essais en stagnation, mais ils offrent des résultats reproductibles et ils sont plus représentatifs de la réalité ;

> ➤ enfin, il existe la possibilité de réaliser des prélèvements sur des installations réelles. Evidemment ceci permet d'accéder directement aux dégradations produites sur les réseaux réels, cependant,

l'historique des conditions « vécues » par la canalisation n'est pas toujours bien connue ou/et bien contrôlée.

Afin de réaliser une étude la plus complète possible, nous avons souhaité développer les trois possibilités exposées précédemment. Concernant les prélèvements sur des sites réels, en collaboration avec Veolia et le CSTB, un cahier de charges a été rédigé et des sites éventuellement adaptés à nos besoins ont été identifiés. Malheureusement, les contraintes imposées sur les utilisateurs de ces réseaux ont rendu impossible la réalisation de ces prélèvements. Par conséquent, l'étude a été restreinte à la réalisation des essais en stagnation et sur un banc d'essais construit pour cet objectif.

L'étude menée peut être divisée en trois étapes principales :

> la première étape est liée à l'étude des matériaux exposés à des essais en conditions statiques afin de définir des indicateurs de vieillissement des matériaux étudiés dans les conditions d'essais, et aussi, pour trouver des techniques et protocoles de caractérisation adaptés ;

> ensuite, nous avons focalisé nos efforts sur la conception et la construction d'un banc d'essais à échelle 1 simulant un réseau d'eau chaude sanitaire réel ;

> finalement, une fois le banc d'essais construit, il a été mis en eau et après validation, nous avons donc finalisé notre étude avec des essais en conditions dynamiques.

Lors de la première étape qui concerne les essais en conditions statiques, la difficulté à contrôler l'évolution des solutions d'hypochlorite de sodium a été mise en évidence. De plus, peu de données de la littérature traite de la répartition des espèces issues de l'hypochlorite de sodium dans une solution aqueuse portée à des températures comprises entre 50 et 70°C. Ceci a motivé la réalisation d'une étude sur la chimie de l'eau de Javel. Le matériel et méthodes utilisés lors de l'étude de la chimie de l'eau de Javel sont présentés au chapitre 3.

La plupart des essais ont été réalisés en conditions de vieillissement accéléré. Cependant, réaliser des essais de vieillissement accéléré est toujours très délicat, dû au fait qu'il ne faut pas trop s'éloigner des conditions réelles de service sous peine de modifier les modes de dégradation des matériaux. Afin de respecter ces modes de dégradation, nous avons choisi comme paramètres justifiant des conditions les plus agressives, la température et la concentration de désinfectant pouvant être utilisées lors d'un traitement en choc sur un réseau réel (70°C et 100 ppm). En effet, lors d'un traitement en choc thermique sur un réseau réel une température de 70°C doit être appliquée pendant au moins 30 minutes. Concernant le traitement de choc chimique, une concentration d'hypochlorite de sodium de 100 ppm peut être appliquée pendant une heure. Un réseau d'eau chaude sanitaire peut fonctionner en continu à une température supérieure à 50°C avec une chloration à 1 ppm d'eau de Javel (voir chapitre 1).

2.2 ESSAIS DE STAGNATION, CONFIGURATIONS ET EXPERIENCES REALISEES

Les échantillons testés ont été découpés à partir des canalisations de diamètre intérieur de 50 mm en :

- ➢ acier galvanisé répondant à la norme NF A 49 145 ;
- ➢ cuivre marqué NF ;
- ➢ PVCc faisant référence à un ATEC (Avis TEChnique) délivré par le CSTB (Avis Technique 14/08-1316) ;
- ➢ PERT/Al/PERT faisant référence à un ATEC (Avis TECnique) délivré par le CSTB (Avis Technique 14/08-1250*V1).

Le vieillissement en condition statique a été réalisé en plaçant les échantillons dans des étuves à 70°C. La régulation de la température était assurée à plus ou moins un degré Celsius.

Dans cette partie du manuscrit, les configurations de vieillissement en stagnation utilisées, la façon de préparer les solutions et les échantillons et enfin les expériences réalisées seront détaillées.

2.2.1 CONFIGURATIONS DE VIEILLISSEMENT EN STAGNATION UTILISEES

Deux configurations ont été testées pour les essais de stagnation.

Dans la première configuration, les échantillons étaient totalement immergés dans la solution. Les morceaux de canalisation étaient déposés au fond d'un cristallisoir rempli de solution. Dans cette configuration, les surfaces extérieure et intérieure et les deux sections de l'échantillon étaient en contact avec la solution. Cette configuration a comme avantage d'être facile à mettre en œuvre et que les changements de solution sont aussi facilités. En revanche, elle s'éloigne de la configuration réelle d'une canalisation dont seule la surface interne est en contact avec la solution figure 7a).

La deuxième configuration testée consistait à remplir les échantillons de solution afin de limiter le contact de la solution avec la surface interne des échantillons. Ce montage est représentatif de celui observé dans la réalité. Ici les changements de solutions sont plus délicats que dans le cas du montage précédent. Il est nécessaire de boucher la partie basse de l'échantillon, afin d'éviter que la solution ne se déverse, et fermer la partie haute de l'échantillon avec une plaque de verre posée dessus servant de couvercle afin de limiter l'évaporation et le contact avec l'air. Les premiers essais ont été réalisés avec une plaque de verre collée avec du silicone afin de boucher la partie basse de l'échantillon (figure 7b). Néanmoins, cette solution a été remplacée par un bouchon en EPDM (éthylène-propylène-diène monomère), considéré comme matériau inerte, plus facile à placer et à enlever (figure 7c).

Plaque de verre

Tube d'essai

Bouchon EPDM

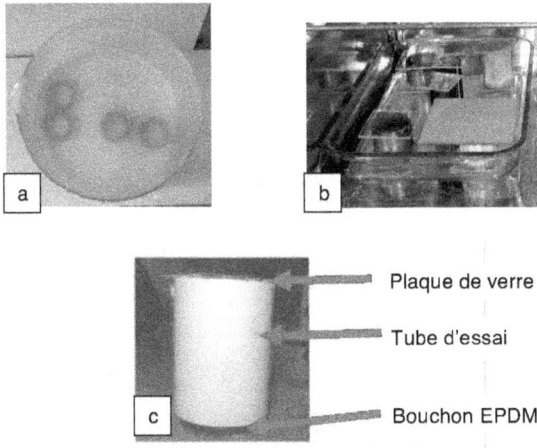

Figure 7 : Montage en immersion (a). Montage en remplissage bouché avec
une plaque de verre collée avec du silicone (b). Montage en remplissage
bouché avec un bouchon en EPDM (c).

Le montage avec l'échantillon « rempli » augmentait la durée de stabilité du
désinfectant dans la solution. Pour cette raison, nous avons favorisé cette
configuration.

2.2.2 PREPARATION DES SOLUTIONS ET DES ECHANTILLONS

Le vieillissement consiste à mettre en contact les échantillons avec une
solution agressive contenant une teneur en désinfectant contrôlée et
ensuite placer les échantillons dans des étuves afin de maintenir les
échantillons à une température constante. Le désinfectant est instable,
donc, les solutions devaient être renouvelées régulièrement. Ceci impliquait
la préparation des solutions avec une fréquence journalière. L'instabilité du
désinfectant est à relier à la température et au pH du milieu, comme il le
sera souligné dans le chapitre 3. Mais le renouvellement des solutions
s'explique également par une consommation rapide du désinfectant lors du
contact avec des matériaux "neufs".

Un découpage mécanique à partir des tubes d'un diamètre bien défini était
nécessaire pour avoir des échantillons avec des dimensions adéquates avant
vieillissement. Après vieillissement, un découpage ou usinage des

échantillons, plus ou moins complexe, était aussi nécessaire en fonction de la technique de caractérisation utilisée.

2.2.2.1   Préparation des solutions de vieillissement

Les solutions mises en contact avec les échantillons sont préparées à partir d'une solution « mère » d'hypochlorite de sodium (Merck, 42° en chlore libre) qui est diluée jusqu'à atteindre les concentrations désirées. Les dilutions ont été faites avec de l'eau ultrapure ou avec de l'eau du réseau de Nantes, possédant une concentration en chlore libre résiduel d'environ 0,07 ppm. Les concentrations des ions majoritaires de l'eau du réseau de Nantes sont présentées sur le tableau 11.

Ions	Na^+	Mg^{2+}	K^+	Ca^{2+}	Cl^-	$(SO_4)^{2-}$	$(NO_3)^-$	OH^-
Concentration (ppm)	20,4	5	4	45	20	45	9	0,4

Tableau 11 : Concentration des ions présents dans l'eau du réseau de Nantes [112].

Le pH des solutions n'a pas été ajusté. Néanmoins dans la gamme des concentrations de désinfectant testées, le pH variait entre 8,2 et 9,5. Par conséquent, la présence de HClO était très faible. En outre, lors d'un traitement en choc chloré sur un réseau d'eau chaude sanitaire réel, le pH n'est pas ajusté.

2.2.2.2   Préparation des échantillons

La longueur des échantillons découpés dépend de l'essai et de la configuration pour laquelle les échantillons allaient servir :

  ➢ longueur de 5 cm pour le mode immersion des essais en stagnation ;

  ➢ longueur de 10 cm pour le mode remplissage des essais en stagnation.

Afin d'augmenter la reproductibilité des essais en enlevant des possibles résidus de fabrication sur la surface des échantillons, un protocole de nettoyage « doux » est réalisé avant vieillissement sur les échantillons. En effet, un nettoyage en profondeur aurait pu mettre en question la représentativité de nos essais par rapport à la réalité.

Avant les essais, les échantillons étaient rincés, tout d'abord à l'eau du réseau et ensuite à l'eau ultrapure. Les échantillons métalliques (cuivre et acier galvanisé) étaient, en plus, rincés à l'éthanol en dernier.

Après vieillissement, les échantillons étaient préparés de plusieurs façons en fonction de la technique de caractérisation employée.

Au niveau des tubes métalliques (cuivre et acier galvanisé), le découpage de petits échantillons avec une micro-tronçonneuse Acutom (Struers) afin de minimiser la courbure au maximum est nécessaire. Plusieurs échantillons ont été prélevés dans des zones éloignées et représentatives de la dégradation du matériau.

Afin de caractériser l'avancement de la dégradation dans l'épaisseur des échantillons en polymère, un protocole de découpe a dû être mis en œuvre. En effet, un tour d'atelier permettait d'accéder à la couche interne en PERT du tube multicouche après l'usinage des deux couches externes (PERT et Aluminium). Des copeaux en PERT et PVCc, issus de la couche interne, sont ensuite prélevés tous les 0,2 mm suivant l'épaisseur du tube. Les paramètres d'usinage ont été définis afin de minimiser l'échauffement des échantillons prélevés, (vitesse de rotation : 1000 tr/min, vitesse d'avance : 0,3 mm/min avec un pas de prélèvement : 0,2 mm).

En outre, sur les échantillons en polymère, des prélèvements au cutter ont été réalisés directement à partir de la surface interne des échantillons afin de caractériser la surface directement en contact avec l'eau.

2.2.3 Experiences realisees en stagnation

Les conditions de vieillissement ont été choisies afin de provoquer la dégradation du matériau dans un temps raisonnable, en essayant de ne pas changer les modes de dégradation des matériaux et en restant dans les possibilités techniques du montage et mis en œuvre.

La figure 8 résume les conditions de vieillissement pour les quatre matériaux testés en fonction du montage utilisé.

Chapitre 2 : Démarche expérimentale,
matériels et méthodes

L'objectif principal de ces expériences est de trouver les indicateurs de vieillissement pour les matériaux étudiés dans des conditions proches de celles d'un réseau réel d'eau chaude sanitaire. De plus, ces essais devront permettre une évaluation qualitative de l'impact de l'hypochlorite de sodium sur la dégradation de ces matériaux.

Tous les matériaux ont été testés à une température de 70°C.

Le cuivre et l'acier galvanisé ont suivi un vieillissement avec de l'eau du réseau sans ajout de désinfectant et dans l'eau du réseau avec 100 ppm d'hypochlorite de sodium pendant 45 jours.

Les polymères, plus résistants que les métaux aux conditions d'étude en première approche, ont subi des durées de vieillissement plus importantes. Le PERT/Al/PERT et le PVCc ont été testés avec de l'eau ultrapure chlorée (25, 50 et 100 ppm) pendant 135 jours. Ensuite, le PERT a été testé avec l'eau du réseau sans et avec ajout de désinfectant (1, 25 et 100 ppm) pendant 270 jours. Concernant le PVCc, des essais ont été menés avec de l'eau du réseau sans ou avec l'ajout du désinfectant (100 et 1000 ppm) pendant 135 jours. Des concentrations plus élevées en hypochlorite de sodium ont été utilisées pour le PVCc car des essais préliminaires ont révélé une très bonne tenue de ce matériau en contact avec des faibles teneurs en désinfectant.

Chapitre 2 : Démarche expérimentale,
matériels et méthodes

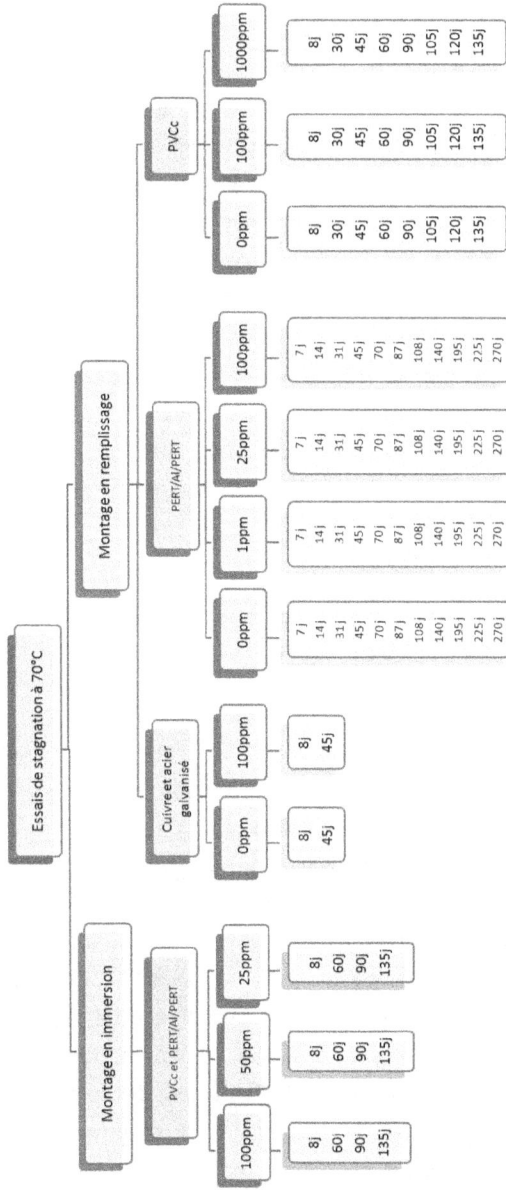

Figure 8: Expériences de vieillissement réalisées en mode statique.

2.3 ESSAIS EN DYNAMIQUE, BANC D'ESSAIS

Afin d'évaluer le comportement des matériaux dans des conditions dynamiques, un banc d'essais a été conçu et construit. Le banc d'essais a été pensé afin de permettre l'étude de l'impact de la température, des traitements filmogène ou désinfectant, et de la "géométrie" sur la durabilité des canalisations. Le banc d'essais a été réalisé suite à la rédaction d'un cahier des charges. Ce dernier décrit les éléments de conception liés à l'exploitation et à la surveillance des boucles d'essais, le pilotage et les dispositifs complémentaires nécessaires. La conception et la construction du banc ont été réalisées en collaboration avec une société extérieure. Le banc d'essais est situé dans le premier étage du bâtiment Aquasim au CSTB de Nantes. Le bâtiment Aquasim est un grand équipement scientifique dédié à l'étude du cycle de l'eau. Cette partie du manuscrit présente le banc d'essais et les expériences qui ont été réalisées en dynamique.

2.3.1 CONCEPTION DU BANC D'ESSAIS

Le banc d'essais a pour but d'évaluer l'impact des procédés de traitement des réseaux de distribution d'eau chaude sanitaire sur des canalisations en cuivre, acier galvanisé, PVCc et PERT/Al/PERT.

Une analyse factorielle a été formulée afin de trouver le nombre minimal de lignes nécessaires permettant de tester les quatre matériaux de notre étude et l'efficacité du traitement filmogène. La contrainte la plus importante était que le cuivre et l'acier galvanisé ne peuvent pas être placés dans la même ligne car les ions cuivriques accélèrent la corrosion de l'acier galvanisé [3]. Cette contrainte impose la construction de quatre lignes indépendantes : cuivre avec et sans filmogène, et acier galvanisé avec et sans filmogène. Le PERT/Al/PERT et le PVCc peuvent se placer dans la même ligne, aucune interaction entre ces deux matériaux n'est attendue. Par conséquent, cinq lignes d'étude sont nécessaires. De plus, trois lignes de référence, fonctionnant à 50°C et 1 ppm, (une en cuivre, une en acier galvanisé et une dernière mixte avec le PERT et le PVCc), étaient requises. En résumé, le banc d'essais a été constitué de huit lignes, trois lignes de référence (1 ppm de chlore et 50°C) et cinq lignes d'essais (figure 9 et figure 10).

Figure 9 : Ligne de cuivre sans injection du filmogène et ligne d'acier galvanisé de référence (a). Lignes de cuivre et acier galvanisé avec injection du filmogène (b).

Figure 10 : Ligne d'acier galvanisé sans injection de filmogène et ligne de cuivre de référence (a). Lignes doubles PERT/Al/PERT et PVCc d'étude et de référence (b).

Le débit, la vitesse de circulation de l'eau et la fréquence de renouvellement de l'eau ont été fixés pour être représentatifs des conditions de terrain et en accord avec les documents techniques en application.

L'corrosivité des solutions de vieillissement limite le choix des matériaux à utiliser dans la boucle. Nous avons choisi le PVCc comme matériau principal qui, *a priori*, est résistant et compatible avec les températures et agents chimiques employés.

Afin de reproduire au mieux un réseau d'eau chaude réel, il a été décidé l'installation d'une partie horizontale, d'une partie verticale (représentative des colonnes montantes) et d'un bras mort (représentatif des éventuelles zones de stagnation) dans chaque ligne.

Dans le but de suivre les dégradations lors des différents essais, des manchettes témoins destinées à être observées périodiquement ont été installées sur la partie verticale et sur la partie horizontale. Le diamètre intérieur des manchettes témoins est de 50 mm afin de faciliter certaines techniques de caractérisation. Les matériaux utilisés pour les manchettes témoins font référence respectivement à la marque et norme NF (cuivre et acier galvanisé) ou aux avis techniques (ATEC) (PVCc et PERT).

2.3.2 DESCRIPTION GENERALE DU BANC D'ESSAIS

Le banc d'essais est composé de deux structures porteuses (châssis), chacune comprenant quatre lignes en boucle fermée et une armoire électrique, et un poste de supervision. Le détail des composants du banc d'essais est présenté dans l'annexe 1.

2.3.2.1 Les boucles

Les boucles sont des circuits fermés en PVCc sur lesquelles sont mises en déviation (by-pass) des manchettes témoins (échantillons à tester). Un bras mort est aussi installé en dérivation sur chacune des boucles.

Les boucles disposent d'une capacité en eau suffisante pour assurer l'homogénéité des produits injectés dans l'eau. La capacité totale de chaque boucle est d'environ 30 litres pour les lignes simples (cuivre et acier galvanisé) et d'environ 40 litres pour les lignes doubles (PERT/Al//PERT, PVCc).

L'eau de la boucle est renouvelée toutes les dix heures. La fréquence de renouvellement a été choisie pour être représentative de celle d'un logement du type habitat collectif.

La concentration en chlore libre est régulée dans toutes les lignes (produit biocide H7991 de Veolia water, 11,6° de NaClO). Le pH est régulé dans les lignes d'étude (préparation acide réalisée à partir d'une solution de H_2SO_4 à 10%). Par ailleurs, deux lignes d'étude, une en cuivre et une autre en acier galvanisé sont équipées d'un système d'injection de produit filmogène (produit filmogène H3111 de Veolia water, solution à base de polyphosphates et silicates de sodium, Aquapack Plus, Avis technique 19/09-89).

La température est régulée à l'aide des réchauffeurs de boucle. L'eau circule dans la boucle grâce à une pompe de circulation. Afin d'assurer l'évacuation de l'air, toutes les boucles sont équipées dans la partie la plus haute d'une soupape de ventilation.

2.3.2.2 Eléments du banc d'essais à caractériser après vieillissement

Les éléments du banc d'essais à caractériser après vieillissement sont les manchettes horizontales et verticales et le bras mort (zone sans circulation d'eau) (figure 11).

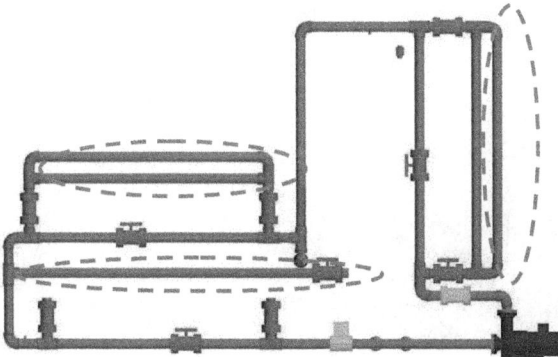

Figure 11 : Schéma d'une des lignes en acier galvanisé montrant l'installation des manchettes témoins et du bras mort.

Les manchettes témoins sont destinées à être prélevées périodiquement. Ces manchettes sont au nombre de 24 pour les lignes de référence (12 horizontales et 12 verticales), et au nombre de 20 pour les lignes d'étude (10 horizontales et 10 verticales). Les manchettes sont disposées en deux séries parallèles sur un bipasse (figure 12).

Figure 12 : Manchettes horizontales en acier galvanisé avec injection de filmogène.

Le bras mort est conçu afin de créer une zone de stagnation. Même si les zones de stagnation sont à éviter sur les réseaux d'eau chaude sanitaire, il est très difficile de les éliminer entièrement à cause des défauts de conception hydraulique ou de modifications du réseau suite à des travaux. Un bras mort du matériau à étudier et d'une longueur d'un mètre fait donc partie de chaque ligne (figure 13).

Figure 13 : Bras morts en acier galvanisé et cuivre.

2.3.3 Capacite theorique du banc d'essais

Plusieurs paramètres du banc d'essais sont réglables (tableau 12). Le débit est réglable dans une plage d'environ 1 à 10 m^3/heure avec une vanne manuelle. La température est réglable dans une plage entre la température ambiante et 70°C. Le temps de séjour de l'eau dans la boucle est réglable dans une plage d'environ 2,5 à 25 heures. Les concentrations en chlore est réglable (entre 0 et 100 ppm d'hypochlorite de sodium sur les lignes d'étude et entre 0 et 1 ppm d'hypochlorite de sodium pour les lignes de référence). La concentration de filmogène et le pH sont aussi réglables. Les pompes doseuses permettent de régler le volume injecté (entre 0 et 0,07 ml/coup) et la fréquence d'injection (entre 0 et 180 impulsions/min). Les concentrations des différents produits dans la boucle seront seulement limitées par les performances des pompes doseuses. Néanmoins le pH maximal sera le pH de l'eau à une température donnée, parce que, la régulation de pH installée, est une régulation acide. Et enfin, la pression est réglable dans une plage d'environ 0,7 à 1,5 bar.

	Lignes de référence	Lignes d'étude
Débit ± 0,3 (m^3.heure^{-1})	De 1 à 10	
Températures ± 2 (°C)	De la température ambiante à 70	
Concentrations de désinfectant (ppm)	(De 0 à 1) ±0,2	(De 0 à 100) ±2
Temps de séjour (heures)	De 2,5 à 25	
Pression ±0,2 (bar)	De 0,7 à 1,5	

Tableau 12 : Capacités du banc d'essais.

2.3.4 Experiences realisees en dynamique

Comme pour les expériences réalisées en conditions de stagnation. Les conditions de vieillissement ont été choisies afin de provoquer la dégradation du matériau dans un temps raisonnable, en essayant de ne pas changer les modes de dégradation de nos matériaux. Cependant, la rapide dégradation des matériels composant le banc d'essais a motivé une adaptation du plan d'expériences.

Chapitre 2 : Démarche expérimentale,
matériels et méthodes

A cause des difficultés rencontrées lors de la mise en route du banc d'essais, seule la mise en route de 5 lignes a été assurée. L'acier galvanisé, étant le matériau le plus étudié et compte tenu qu'il s'installe peu sur les réseaux d'eau chaude sanitaire, a été mis de côté dans l'étude en dynamique. Nous avons alors porté notre attention sur l'étude du cuivre et des deux matériaux polymères. Les différents contretemps rencontrés ont aussi beaucoup limité la durée des essais. La figure 14 présente les expériences de vieillissements réalisées, ainsi que les prélèvements réguliers effectués lors de ces essais.

Chapitre 2 : Démarche expérimentale, matériels et méthodes

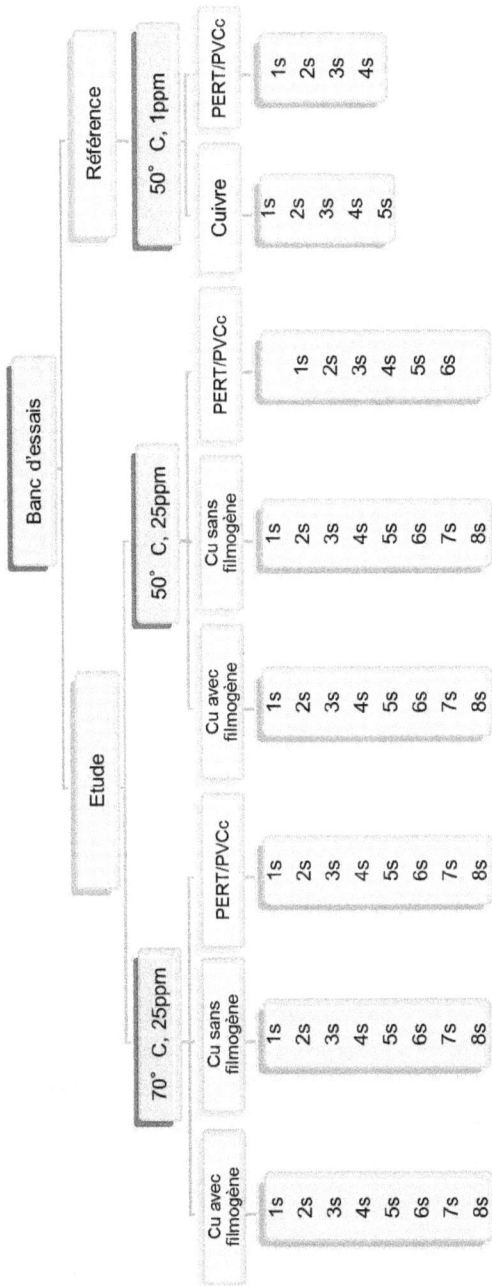

Figure 14 : Expériences réalisées en dynamique sur le banc d'essais.

En résumé, le cuivre a été étudié sans et avec filmogène avec 25 ppm de chlore libre aux températures de 70°C et 50°C. Le PERT/Al/PERT et le PVCc ont été testés avec 25 ppm de chlore libre aux températures de 70°C et 50°C également. Les lignes de référence ont fonctionné avec 1 ppm de chlore libre à 50°C pendant 5 semaines pour le cuivre, et 4 semaines pour le PERT/Al/PERT et le PVCc.

2.3.4.1   Conditions expérimentales de l'étude

Pour chacune des boucles, les paramètres fixés sont les suivants (tableau 13) :

| | Lignes de référence | Lignes d'étude | |
		1ère condition	2ème condition
Vitesse de circulation (m.s^{-1})	0,3±0,04		
Débit (L.min^{-1})	4±0,3		
Températures (°C)	50±2	70±2	50±2
Concentrations de désinfectant (ppm)	1±0,2	25±2	
Temps de séjour (heures)	10±0,5		
Pression (bar)	0,8±0,2		
pH	7,2±0,2		

Tableau 13 : Paramètres expérimentaux des essais en dynamique.

Ces conditions de pression, de débit, de vitesse de circulation et de pH ont été choisies afin de respecter les plages imposées par la législation en tenant compte des capacités techniques du banc d'essais. Le temps de séjour de 10 heures a été choisi pour reproduire un puisage moyen dans un réseau d'eau chaude sanitaire.

2.4 TECHNIQUES DE CARACTERISATION ET CONDITIONS EXPERIMENTALES

Le panel de matériaux étudié a amené à utiliser un certain nombre de techniques de caractérisation différentes. En effet, la caractérisation initiale des métaux (cuivre et acier galvanisé) et des polymères (PVCc et PERT) et les phénomènes liés à leur dégradation sont chimiquement différents. Par conséquent, les matériaux ont des techniques de caractérisation qui leur sont propres. Bien entendu, quelques méthodes de caractérisation sont communes à tous les matériaux étudiés.

Le principe de fonctionnement des techniques de caractérisation utilisées est détaillé en l'annexe 2.

2.4.1 OBSERVATION MACROSCOPIQUE, OBSERVATION VISUELLE

L'examen visuel permet de déceler les changements qui ont eu lieu au cours du vieillissement au niveau macroscopique. Sur le cuivre et l'acier galvanisé, cet examen visuel nous permet de savoir, s'il s'agit d'une corrosion uniforme ou d'une corrosion localisée. Par ailleurs, l'aspect et la couleur des produits de corrosion peuvent aussi nous aider à les identifier. Sur le PERT et le PVCc, l'examen visuel nous permet de déceler les changements de couleur qui peuvent éventuellement apparaître sur la surface du polymère.

Les images peuvent être photographiées avec un appareil numérique, et ensuite, analysées.

2.4.2 MICROSCOPIES OPTIQUE ET ELECTRONIQUE A BALAYAGE (MEB)

Le pouvoir séparateur d'un microscope est limité par la longueur d'onde du rayonnement utilisée. Dans le cas de la microscopie optique, le pouvoir séparateur est donné par la relation d'Abbe ; ainsi, la résolution, est de l'ordre de 200 nm **[113]**.

Afin d'améliorer ce pouvoir séparateur, il est possible d'utiliser un microscope électronique à balayage (MEB). En effet, les électrons issus de son faisceau possèdent des longueurs d'ondes beaucoup plus petites. La résolution atteinte peut être de l'ordre de 0,5 nm **[113]**.

Lors de cette étude, un microscope optique Olympus BX 51 a été utilisé. En raison de l'opacité des matériaux, l'examen microscopique a été effectué par réflexion avec une lumière blanche. Au niveau pratique, ces observations en microscope optique nous ont servi à rechercher des éventuelles microfissures ou des changements de rugosité sur les échantillons en polymère et à observer la morphologie de produits de corrosion sur les métaux.

L´instrument qui a été utilisé pour les observations en microscopie électronique à balayage est un microscope Philips Quanta 200 ESEM/FEG en mode faible vide. Pour l´analyse X en dispersion d'énergie, l'appareil est équipé d´un système «EDAX GENESIS» préalablement calibré par l'analyse d´un échantillon de cobalt 100%. Le MEB associé aux analyses EDS ont servi respectivement à observer la morphologie des produits de corrosion sur les métaux et la composition élémentaire de ces produits de corrosion. Cette technique a permis aussi de caractériser des coupes transverses des échantillons métalliques.

2.4.3 SUIVI GRAVIMETRIQUE

Une balance analytique Mettler Toledo d'une résolution de 0,01 mg est utilisée pour étudier l'évolution de la variation de masse des échantillons au cours du vieillissement.

Chaque échantillon est pesé à l'état neuf avant d'être mis en contact avec la solution. Puis, chaque échantillon prélevé après vieillissement est disposé dans un dessiccateur sous vide pendant au moins 24 heures. Le tube est alors pesé à l'issue des 24 heures.

La variation de masse (%) est calculée comme suit :

Variation de masse (%) = $((m_2 - m_1)/m_1) * 100$ où m_1 est la masse de l'échantillon à l'état neuf et m_2 est la masse de l'échantillon après vieillissement et séchage pendant 24 heures dans un dessiccateur.

2.4.4 TECHNIQUES DE CARACTERISATION DU VIEILLISSEMENT DES MATERIAUX METALLIQUES

Afin d'identifier la composition des couches de corrosion apparues sur le cuivre et sur l'acier galvanisé, la diffraction de rayons X et la spectroscopie Raman ont été utilisées.

2.4.4.1   Diffraction de rayons X

L'appareil de diffraction de rayons X utilisé dans le cadre de cette étude est un diffractomètre de type Brücker D8 Advance muni d'une source CuKα (0.15406 nm). Les manipulations ont été réalisées en mode symétrique entre 10° et 90°. L'intensité du rayonnement diffracté est mesurée par un détecteur couplé au logiciel d'acquisition DIFFRACplus XRD Comander, et les diffractogrammes, sont ensuite analysés grâce au logiciel DIFFRACplus EVA où les références des structures cristallines sont disponibles dans les fiches JCPDS (Joint Comité on Powder Diffraction Standard).

2.4.4.2   Spectroscopie Raman

Dans le contexte de notre étude, les mesures ont été effectuées avec un spectromètre haute résolution Jobin Yvon Horiba (modele LabRam HR8000) en utilisant une source laser He-Ne monochromatique de longueur d'onde λ=632.817 nm. La spectroscopie Raman est une technique locale ; par conséquent, afin de s'affranchir des éventuelles hétérogénéités ou impuretés de l'échantillon, au moins 5 spectres étaient réalisés sur chaque échantillon.

Un microscope optique confocal Olympus équipé d'objectifs de grossissements x50 et x100 permet de visualiser l'échantillon et de focaliser le laser. Des filtres permettent d'adapter la puissance du laser en fonction de la nature de l'échantillon. L'acquisition se fait par l'intermédiaire d'un capteur CCD refroidit par effet Peltier et permet une résolution spectrale de l'ordre de 0,5 cm^{-1}. Le traitement du spectre se fait à l'aide du logiciel LabSpec de Jobin Yvon.

2.4.5 TECHNIQUES DE CARACTERISATION UTILISEES SPECIFIQUEMENT POUR LES POLYMERES

Des caractéristiques chimiques et mécaniques ont été suivies au niveau du PERT et du PVCc au cours de vieillissement à l'aide de différentes techniques.

2.4.5.1   Analyse Calorimétrique Différentielle (DSC)

Cette étude a nécessité un nombre important de mesures de DSC. Pour des raisons techniques trois DSC ont été utilisées, un appareillage TA Instruments : modèle Q100, un deuxième appareillage de la marque TA instruments : modèle Q200 et un dernier de la société Netzch : modèle Maïa.

Les trois DSC sont étalonnées en température et en énergie à l'aide d'un échantillon d'indium d'une grande pureté. La ligne de base est déterminée avec une capsule de référence sans échantillon subissant les mêmes conditions de chauffe que pour les échantillons analysés.

2.4.5.1.1   Temps d'induction à l'oxydation (OIT) sur le PERT

L'OIT est le temps pendant lequel aucune oxydation du matériau n'est observée. Cette mesure permet de déterminer si les composants de stabilisation sont encore présents et capables de protéger le matériau contre l'oxydation. Malheureusement, cette technique de mesure est seulement applicable aux polyoléfines, par conséquent le PVCc (dont l'oxydation est autoaccélérée) ne peut pas être caractérisé avec cette technique.

Le matériau est disposé pendant l'essai dans une coupelle ouverte en aluminium. Le mode opératoire est issu de la norme NF EN 728 **[114]**. La valeur des masses prélevées se situe entre 1 et 3 mg alors que la norme préconise entre 13 et 17 mg. Les étapes du mode opératoire sont les suivantes :

> ➢ isotherme de 3 min sous azote (50 ml/min) à température ambiante ;

> ➢ équilibre à 50°C, sous azote (50 ml/min) ;

> rampe à 20°C/min jusqu'à 200°C, sous azote (50 ml/min) ;

> isotherme de 3 min sous azote (50 ml/min) ;

> basculement des gaz : azote vers oxygène à 50 ml/min ;

> isotherme à 200°C sous oxygène (50 ml/min) jusqu'à obtention du pic exothermique de dégradation indicatif de l'oxydation du polymère.

Sur le thermogramme, l'OIT est obtenu par l'intersection entre la tangente de la ligne de base et celle du pic exothermique, comme le montre la figure 15.

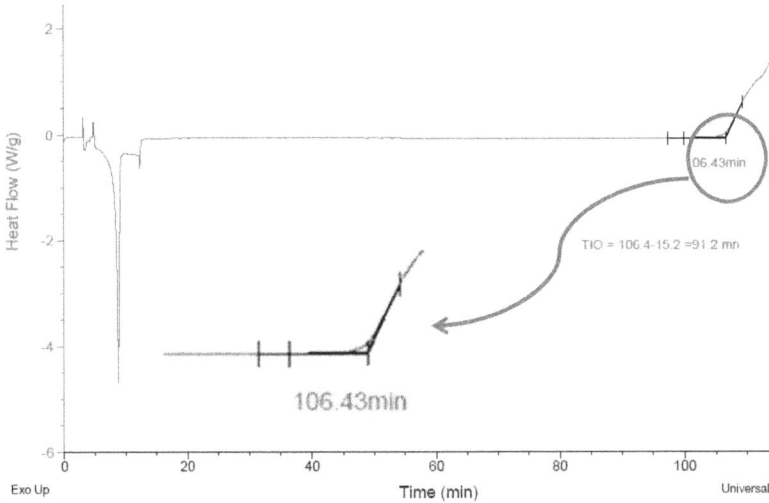

Figure 15 : Approche expérimentale pour la détermination de l'OIT.

2.4.5.1.2   Fusion du PERT, température et chaleur dissipée

En calorimétrie différentielle à balayage, la fusion des entités cristallines se traduit par la présence d'un pic endothermique (figure 16). Au cours du vieillissement, la localisation (température de fusion) et l'aire de ce pic peuvent évoluer. L'aire du pic de fusion est alors proportionnelle au pourcentage de cristallinité de l'échantillon [97]. On peut en déduire le taux de cristallinité de l'échantillon étudié avec l'équation suivante :

Chapitre 2 : Démarche expérimentale,
matériels et méthodes

$$X_c = \frac{\Delta H_f}{\Delta H_{f0}}$$ Équation 10

avec : ΔH_f, enthalpie de la fusion de l'échantillon. ΔH_{f0}, enthalpie de la fusion du polymère totalement cristallin.

Pour le polyéthylène, un modèle moléculaire cristallin analogue, comme par exemple le n-dotriacontane ($C_{32}H_{66}$) [29] avec pour valeur de l'enthalpie de fusion du matériau purement cristallin $\Delta H_{f0}=270$ J/g, peut être utilisé. En revanche, le PERT étant un copolymère à base du PE, des valeurs absolues de taux de cristallinité n'ont pas été calculées.

Afin de limiter le nombre de mesures, dans certaines étapes de l'étude, ces mesures ont été réalisées sur des creusets ouverts, profitant de la mesure de l'OIT. Néanmoins, il a été privilégié la réalisation de ces mesures dans un creuset fermé et à une vitesse de 10°C/min sous azote. Pour assurer une cohérence scientifique, les mesures qui sont comparées dans la partie résultats de ce manuscrit, ont toutes été réalisées dans les mêmes conditions de mesure.

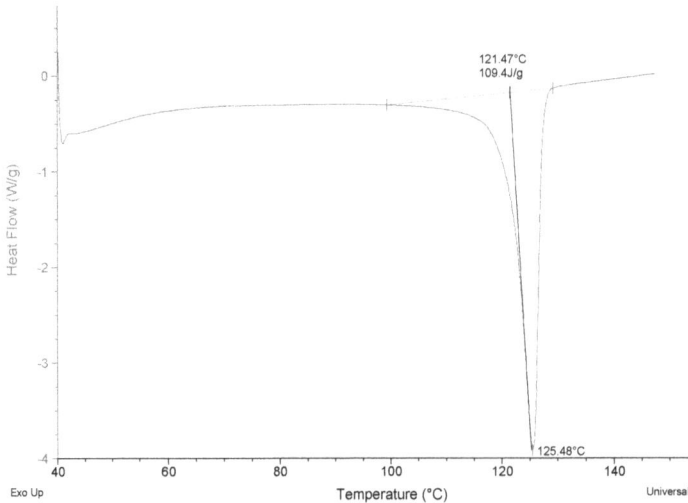

Figure 16 : Approche expérimentale pour l'obtention de la température de fusion du PERT et la chaleur dissipée par la fusion.

2.4.5.1.3   Température de transition vitreuse (T_g) du PVCc

En raison de la difficulté à observer la T_g du PVCc dans le mode
« standard » de la DSC, la fonction « modulée » des DSC Q100 et Q200 a
été utilisée. La manipulation est réalisée sous azote et le protocole utilisé
est le suivant :

> ➢ équilibre à 50°C ;

> ➢ rampe de température à 10°C/min jusqu'à 180°C avec une
>   modulation de +/- 1,06°C tous les 40 secondes.

Deux paramètres sont suivis : la valeur de la T_g et "la hauteur du palier"
correspondant à l'énergie dissipée pendant la transition vitreuse (figure 17).
Chaque mesure est répétée au moins trois fois.

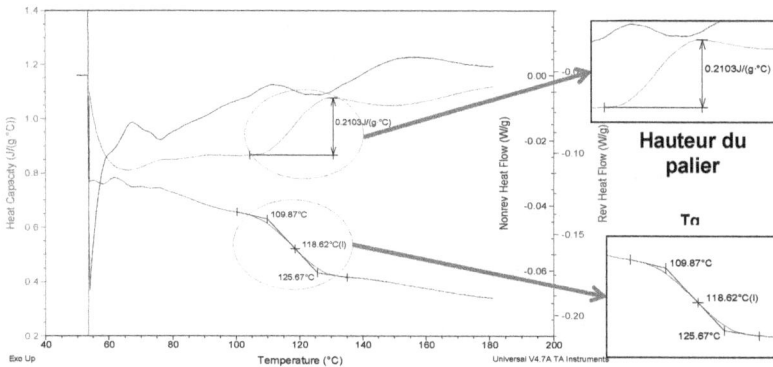

Figure 17 : Thermogramme montrant la T_g et la hauteur du palier de la
transition vitreuse acquise sur le signal réversible.

2.4.5.2   Spectroscopie infrarouge

Tous les spectres ont été acquis en mode ATR (réflexion totale atténuée)
avec l'accessoire Smart MIRacle se servant d'un cristal en diamant (la
réponse du diamant se situe entre 1900 et 2500cm^{-1}). Deux spectromètres
IR de la marque Nicolet ont été utilisés pour la caractérisation de nos
échantillons : un spectromètre à transmission de type Magma IR 760 et un
spectromètre à transmission de type Nexus.

La procédure, commune pour le PERT et le PVCc, avait les paramètres suivants :

➢ acquisition d'un background avec 64 balayages ;

➢ acquisition du spectre de notre échantillon entre 400 et 4000 cm^{-1} aussi avec 64 balayages.

2.4.5.3   Analyse mécanique dynamique (DMA)

L´appareil de DMA utilisé dans le cadre de cette étude est une machine de la société Bohlin Instruments (modèle Tritec 2000).

Les échantillons se présentent sous forme rectangulaire et sont sollicités avec un encastrement simple. Les analyses réalisées ont imposé au matériau une sollicitation mécanique dans le domaine des petites déformations (10µm). La sollicitation est appliquée de façon sinusoïdale à une fréquence de 1 Hz. Les éprouvettes ont suivi le programme de température suivant : rampe de température de 2°C/min de 25°C à 180°C. La réalisation de ces manipulations sous une atmosphère inerte (azote) a été privilégiée. Cependant, pour des raisons techniques et de disponibilité, de l'air synthétique a dû aussi être employé.

2.4.5.4   Viscosimètre à l'état fondu

La viscosimètrie à l'état fondu a été utilisée pour caractériser les échantillons du PERT issus du vieillissement en stagnation sur la configuration "remplissage". Un rhéomètre (Bohlin Instruments, Gemini 150) a été utilisé pour réaliser les essais de viscosimétrie à l'état fondu en mode cône-plan.

Les échantillons sont découpés au cutter sous forme de granulés (la taille doit être maîtrisée et la plus grande dimension ne doit pas dépasser 2 mm pour faciliter leur fusion entre les plateaux du rhéomètre).
Les granulés, d'épaisseur voisine à 0,8 mm (e = (0,8 ± 0,1) mm), sont issus de la couche du PERT en contact avec le liquide.
Après avoir paramétré la distance entre les plateaux (plateaux de diamètre 25 mm), les granulés de PERT sont introduits et la température stabilisée à 220°C.

Le mode cône plan est utilisé pour exprimer la viscosité en fonction du gradient de vitesse de cisaillement entre 10^{-2} s^{-1} et 60 s^{-1}. Le cône utilisé présente un angle de 2,5° et un diamètre de 25 mm. La température est fixée à 220°C.

Le plateau newtonien est recherché aux faibles fréquences. En effet, dans le domaine du plateau newtonien, il existe une relation entre la viscosité et la masse molaire moyenne en poids M_w **[115]**: $\eta = K \times (M_w)^{3,4}$ où K est une constante qui obéit à la loi d'Arrhénius.

Remarque :

La viscosimétrie à l'état fondu est complémentaire à la DMA car elle reste sensible aux mesures effectuées dans le domaine des contraintes inférieures à 10^5 Pa alors que la DMA arrive en limite de sensibilité à 10^5 Pa.

2.4.5.5   Essais mécaniques, traction uniaxiale

Les essais de traction (sur le PERT et le PVCc) sont réalisés avec un dynamomètre Zwick équipé d'un capteur de force de 2,5 kN.

Les éprouvettes sont de forme haltère de type 5B et leurs dimensions sont précisées dans la norme NF EN ISO 527-2 **[116]** (figure 18).

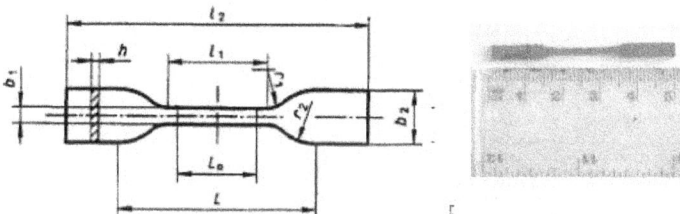

Type d'éprouvette	Dimensions (mm)	
	5A	5B
l_2 Longueur totale minimale	≥75	≥35
b_2 Largeur aux extrémités	12,5±1	6±0,5
l_1 Longueur de la partie étroite parallèle	25±1	12±0,5
b_1 Largeur de la partie étroite parallèle	4±0,1	2±0,1
r_1 Petit rayon	8±0,5	3±0,1
r_2 Grand rayon	12,5±1	3±0,1
L Distance initiale entre mâchoires	50±2	20±2
L_0 Longueur de référence	20±0,5	10±0,2
h Epaisseur	≥2	≥1

Figure 18 : Dimensions des éprouvettes haltères 5A et 5B **[116]** et image d'une des éprouvettes haltères testées.

Compte tenu des propriétés mécaniques différentes, le PVCc et le PERT ont été testés à différentes vitesses. Les essais sur les éprouvettes haltères issus du PERT ont été réalisés à une vitesse de 50 mm/min. Par contre les essais sur les éprouvettes haltères issus du PVCc ont été réalisés à une vitesse de 5 mm/min. Ces essais ont été menés jusqu'à rupture. Au moins 10 essais de traction ont été réalisés pour chaque condition de vieillissement.

2.5 RECAPITULATIF SUR LES MATERIAUX ET METHODES UTILISEES

Afin de réaliser une étude complète sur l'impact des traitements de désinfection sur la dégradation des canalisations d'eau chaude, des essais en conditions statiques et dynamiques ont été réalisés sur ces canalisations.

Les essais en conditions statiques se sont déroulés à 70°C et ont testé des concentrations de désinfectant allant de 0 à 100 ppm.

Les essais en conditions dynamiques se sont déroulés à 50°C et à 70°C, ces essais ont testé des concentrations de désinfectant de 1 ppm et de 25 ppm.

Finalement, ce sujet, multi-matériaux, a nécessité l'utilisation de nombreuses techniques de caractérisation différentes. Ces techniques, complémentaires entre elles, ont des performances et des limites résumées dans le tableau 14.

Chapitre 2 : Démarche expérimentale,
matériels et méthodes

Techniques	Performances	Limites	Matériaux caractérisés
Examen visuel	Mode de corrosion Changements de couleur	Renseignements qualitatifs	Tous
Microcopie optique	Morphologie des produits de corrosion Apparitions des microfissures	Limite liée aux conditions d'éclairage et à l'orientation des défauts	Tous
Microscopie électronique /EDS	Imagerie d'haute résolution Analyses semi-quantitatives des éléments	Préparation des échantillons laborieuse	Tous
Suivi gravimétrique	Absorption d'eau ou des pertes de matière	Absorption d'eau accompagnée d'extraction d'adjuvants. Produits de corrosion adhérents	Tous
Diffraction de rayons X	Identification des produits de corrosion	Limité aux produits de corrosion cristallins	Cuivre et acier galvanisé
Spectroscopie Raman	Identification des produits de corrosion	Nécessité d'une épaisseur minimale de la couche de corrosion afin d'éviter la saturation du capteur	Cuivre et acier galvanisé
DSC	Stabilité thermique (OIT)	Limité aux polyolèfines	PERT
DSC	Transitions de phase		PERT et PVCc
Spectroscopie Infrarouge	Identification des produits de dégradation	Information qualitative en mode ATR	PERT et PVCc

Chapitre 2 : Démarche expérimentale,
matériels et méthodes

DMA	Comportement viscoélastique du polymère	Forte dépendance de la géométrie de l'échantillon	PERT et PVCc
Viscosimètrie à l'état fondu	Technique complémentaire à la DMA (sensible aux mesures inferieures à 10^5 Pa) Permet d'observer la masse molaire moyenne en poids	Nécessité d'avoir un plateau newtonien pour mesurer la masse molaire	PERT
Essais mécaniques	Mesure des changements des propriétés mécaniques	Sensibles aux micro-défauts introduits lors de la préparation des échantillons	PVCc et PERT

Tableau 14 : Récapitulatif des techniques de caractérisation.

87/259

Chapitre 3 : Composition des solutions
de vieillissement chimie de
l'hypochlorite de sodium

CHAPITRE 3 : COMPOSITION DES SOLUTIONS DE VIEILLISSEMENT CHIMIE DE L'HYPOCHLORITE DE SODIUM

Les essais de vieillissement dont les résultats sont présentés aux chapitres 4 et 5, ont été réalisés en utilisant des solutions d'hypochlorite de sodium à différentes concentrations, pH et températures. Afin de pouvoir interpréter les résultats issus des essais de vieillissement (chapitres 4 et 5), une connaissance qualitative et quantitative des espèces présentes dans les solutions de vieillissement est nécessaire. C'est pourquoi, ce chapitre est consacré à l'étude de la composition des solutions de vieillissement.

Ce chapitre traitant de la chimie de l'hypochlorite de sodium est structuré de la manière suivante : d'abord un rappel de l'étude bibliographique réalisée dans le chapitre 1 présente la problématique à ce sujet, pour après, détailler les objectifs de l'étude. Ensuite, la méthode utilisée est présentée. Finalement, les résultats sont décrits et discutés et une conclusion sur les implications principales de cette étude clôture le chapitre.

3. ETUDE DE LA COMPOSITION DES SOLUTIONS DE VIEILLISSEMENT, CHIMIE DE L'HYPOCHLORITE DE SODIUM

3.1 RAPPEL BIBLIOGRAPHIQUE ET OBJECTIFS

L'étude bibliographique présentée dans le chapitre 1 a mis en évidence deux principales lacunes sur la connaissance de la répartition des espèces issues des solutions d'hypochlorite de sodium. En effet, la répartition des espèces en fonction du pH à 50°C et à 70°C n'est pas connue.

L'hypochlorite de sodium en solution donne lieu à deux espèces principales : l'acide hypochloreux HClO et les ions hypochlorite ClO⁻. Ces deux espèces sont en équilibre et cet équilibre dépend principalement du pH et de la température. Une troisième espèce peut apparaitre pour des valeurs de pH inférieures à 4 : c'est le chlore dissous (Cl_2) **[13]**. Cependant, cette espèce est rarement présente dans la plage de pH des eaux destinées à la

88/259
Chapitre 3 : Composition des solutions
de vieillissement chimie de
l'hypochlorite de sodium

consommation humaine (entre 6,5 et 8,5). C'est pour cette raison qu'elle ne sera pas considérée dans cette approche expérimentale et statistique.

La répartition des espèces issues de l'hypochlorite de sodium est bien documentée dans la littérature pour des températures faibles proches de la température ambiante (figure 19). Notamment, de nombreuses études, dont celle de Pourbaix en 1974, se sont intéressées au diagramme de répartition des espèces à température ambiante [7, 13, 14, 117]. Cependant, peu de travaux se sont consacrés à la réalisation du diagramme de répartition de ces espèces à 50°C ou 70°C. Par conséquent, afin de mieux comprendre les mécanismes mis en jeu lors de nos essais expérimentaux, il a été décidé de tracer expérimentalement ces diagrammes, afin de connaitre avec plus de précision la répartition des espèces aux températures testées lors des essais de vieillissements en conditions statique et dynamique.

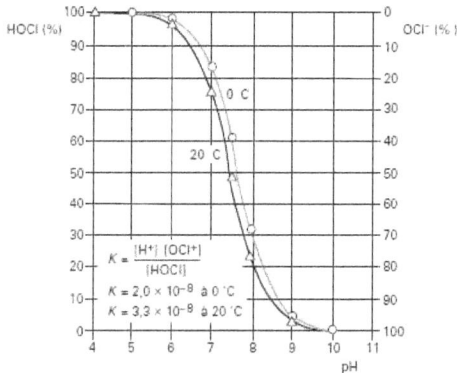

Figure 19 : Pourcentage des espèces (HClO et ClO⁻) présentes en fonction du pH à 0°C et 20°C [117].

Dès les premiers essais réalisés en conditions de stagnation, il a été mis en évidence que les solutions d'hypochlorite de sodium étaient instables lors de l'élévation de la température. En effet, la concentration en chlore libre des solutions conditionnées à 70°C chutait rapidement. Cette chute rapide de la concentration en désinfectant pourrait se produire principalement pour trois raisons :

Chapitre 3 : Composition des solutions
de vieillissement chimie de
l'hypochlorite de sodium

1. une interaction entre le désinfectant et la matière organique présente soit dans l'eau ou soit sur l'échantillon ;

2. une interaction entre le désinfectant et le métal. L'hypochlorite de sodium est effectivement un oxydant fort qui induit une augmentation de la réactivité des métaux à travers les mécanismes décrits par les équations suivantes [15, 75] (pH>4) :

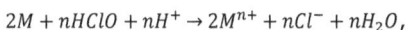

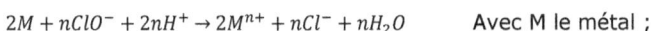

$$2M + nHClO + nH^+ \rightarrow 2M^{n+} + nCl^- + nH_2O,$$

$$2M + nClO^- + 2nH^+ \rightarrow 2M^{n+} + nCl^- + nH_2O \qquad \text{Avec M le métal ;}$$

3. une décomposition de l'hypochlorite dans des conditions extrêmes de température. D'après la littérature [7, 14-22] l'hypochlorite de sodium a tendance à se décomposer naturellement à des températures au-dessus de 50°C, soit en ions chlorate et chlorure, soit en oxygène et ions chlorure. La décomposition en ions chlorate peut s'écrire selon les réactions suivantes [16, 17, 22] :

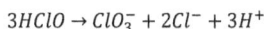

$$3HClO \rightarrow ClO_3^- + 2Cl^- + 3H^+$$

$$3ClO^- \rightarrow ClO_3^- + 2Cl^-$$

La présence d'ions chlorate, espèces oxydantes également, dans les solutions testées pourrait avoir une influence sur la vitesse ou les modes de dégradation des différents matériaux. Par conséquent, la recherche de teneurs en ions chlorate dans les milieux d'étude soumis aux conditions de vieillissement testées serait une information pertinente pour cette étude. De son côté, la décomposition en oxygène et ions chlorure peut s'écrire selon la réaction suivante : $2ClO^- \rightarrow O_2 + 2Cl^-$ [7, 13, 16, 17, 20, 22].

En conclusion, afin de mieux appréhender la composition chimique des solutions d'hypochlorite de sodium utilisées lors des essais de vieillissement, une étude complémentaire a été réalisée ayant pour objectif de répondre à deux questions. Quelle est la répartition des espèces HClO et ClO⁻ à 50°C et 70°C ? Quelle est la cinétique de décomposition de l'eau de Javel en ions chlorate à ces mêmes températures ?

Chapitre 3 : Composition des solutions
de vieillissement chimie de
l'hypochlorite de sodium

3.2 MATERIAUX, METHODES ET TECHNIQUES DE CARACTERISATION

L'étude des solutions d'hypochlorite de sodium a nécessité l'utilisation des méthodes et techniques de caractérisation différentes de celles décrites précédemment dans le chapitre 2. Ces techniques étant spécifiques à la caractérisation de la composition chimique des solutions d'eau de Javel soumises à différents conditionnements, leur description est intégrée dans ce chapitre.

3.2.1 SOLUTIONS ET MATERIAUX

Les solutions ont été conditionnées dans des flacons fermés en verre de 120 mL. Ces flacons sont entièrement remplis avec la solution afin de limiter le contact et les interactions avec l'air. Les flacons sont rincés à l'eau déminéralisée avant utilisation.

Des morceaux de canalisations neuves en cuivre ou en PVCc de longueur 45 mm ont aussi été introduits dans certains flacons afin d'évaluer l'impact de l'interaction matériaux/solution corrosive sur la répartition des espèces issues de l'hypochlorite de sodium à pH et température contrôlés. Ces morceaux de canalisation ont préalablement été rincés à l'eau déminéralisée et ils proviennent des tuyaux commerciaux de diamètre intérieur 16 mm.

Les flacons sont ensuite conditionnés dans une chambre climatique Binder MKF 240, réglée aux températures de 25, 50 ou 70°C pendant une durée définie. L'origine temporelle du vieillissement des solutions sera définie au moment où les solutions contenues dans les flacons atteignent la température de consigne.

Chapitre 3 : Composition des solutions
de vieillissement chimie de
l'hypochlorite de sodium

**3.2.2 PROTOCOLE EXPERIMENTAL D'ANALYSE DES SOLUTIONS D'HYPOCHLORITE
DE SODIUM**

Les solutions d'hypochlorite de sodium ont été analysées avec deux
objectifs : le premier consiste à déterminer la répartition des espèces aux
températures d'essais (50 et 70°C). Pour cela nous devons étudier les
solutions à l'état initial, c'est à dire, les solutions non vieillies. Le second
concerne les produits de décomposition des solutions, notamment les ions
chlorate. Pour cela, l'évolution des solutions au cours du temps, notamment
lors du contact avec différents matériaux doit être étudiée.

3.2.2.1   Méthodologie utilisée pour déterminer les diagrammes
de répartition des espèces

Afin de construire les diagrammes de répartition des espèces pour des
conditions de température données, la procédure expérimentale suivante a
été mise en place.

1. Le pH des solutions d'hypochlorite de sodium à une concentration de
   100 ppm a été ajusté à six valeurs différentes de pH (4 ; 6,5 ; 7 ; 7,5
   ; 8 ; 10). L'ajustement du pH a été réalisé par ajout d'une solution
   d'acide sulfurique diluée (H_2SO_4) pour les pH moyennement acides ou
   par ajout d'une solution d'hydroxyde de sodium (NaOH) pour les
   milieux basiques. Les solutions d'hypochlorite de sodium ont été
   préparées selon le protocole décrit dans le chapitre 2 (§ 2.2.2.1).

2. Les solutions ont été progressivement portées aux températures de
   25°C, 50°C ou 70°C. Une fois la température atteinte, les
   concentrations d'acide hypochloreux (HClO) et d'ion hypochlorite
   (ClO^-) sont mesurées par spectrométrie ultraviolet/visible (UV/visible)
   (UV IKON XS-double-Secomam) (voir annexe 3). De plus, la
   concentration en chlore libre ($HClO+ClO^-$) est mesurée avec un
   photomètre HANA instruments avec le réactif Diéthyl-Paraphénylène-
   Diamine (DPD) (méthode USEPA 330.5). La mesure de la
   concentration de chlore libre sert de validation et notamment à pH 4
   où la forme Cl_2 (forme apparaissant à des valeurs de pH acides
   inférieures à 4) est susceptible d'apparaitre. Le potentiel

92/259

Chapitre 3 : Composition des solutions
de vieillissement chimie de
l'hypochlorite de sodium

d'oxydoréduction des solutions est aussi mesuré à l'aide d'une électrode d'argent (SP65X) reliée à un appareil multiparamètre Consort C862. Trois mesures sont effectuées pour chaque paramètre, les résultats présentés correspondent à la moyenne de ces trois valeurs et les barres d'erreur correspondent à l'écart type. Dans ces conditions, des valeurs de concentration en HClO et en ClO⁻ pour chaque pH testé sont obtenues.

3. Afin de tracer la courbe de répartition des espèces qui s'ajuste au mieux aux points expérimentaux, nous avons tracé des courbes de répartition pour différentes valeurs de pK$_a$ (avec un pas de 0,1 unités de pK$_a$) en se servant de l'équation 10 de Henderson-Hasselbalch **[118]**.

$$pH = pk_a + log\left(\frac{[ClO^-]}{[HClO]}\right)$$ Équation 11

4. La courbe qui représente le mieux les points expérimentaux est choisie en minimisant la somme des carrés de distances entre les points expérimentaux et ceux de la courbe.

3.2.2.2 Etude de la cinétique de décomposition de l'hypochlorite de sodium en ion chlorate

Afin d'étudier la cinétique de formation d'ions chlorate dans les solutions d'hypochlorite de sodium à différentes températures et valeurs de pH, un protocole rigoureux d'analyse des espèces a été mis en place. Il se compose succinctement des étapes suivantes.

1. Des solutions tampons ont été préparées à trois valeurs de pH différentes (4, 7 et 10) et ensuite, chlorées à 100 ppm. L'ajout de l'hypochlorite de sodium n'induit pas de modification des valeurs de pH. Le protocole de préparation des solutions tampons est décrit en annexe 3.

2. Comme précédemment, les solutions sont portées aux températures de 25°C, 50°C et 70°C. Une fois la température de consigne atteinte, des prélèvements à différentes durées de vieillissement sont réalisés. A chaque prélèvement, la concentration en HClO, ClO⁻ et ClO$_3^-$ est

Chapitre 3 : Composition des solutions
de vieillissement chimie de
l'hypochlorite de sodium

mesurée par spectrométrie UV/visible (voir annexe 3), une mesure de chlore libre est aussi réalisée afin de servir de validation aux mesures réalisées avec le spectromètre.

3. Finalement, les évolutions de concentration de HClO, ClO⁻ et ClO₃⁻ sont tracées en fonction du temps de conditionnement.

La proportion relative de HClO par rapport à ClO⁻ dépend du pH et de la température. L'objectif des solutions tampons est de maintenir le pH des solutions constant lors du vieillissement. Suivant le pH, deux espèces sont susceptibles de se transformer en ions chlorate selon des mécanismes différents. Explorer de larges gammes de pH dans lesquelles l'une de deux espèces est prédominante permet de mieux appréhender les cinétiques de transformation en ions chlorate relatives aux deux mécanismes impliqués

Les expériences relatives à la cinétique de décomposition de l'hypochlorite de sodium en présence de cuivre ou PVCc ont été réalisées conformément à un plan d'expérience. En effet, afin d'étudier la formation d'ions chlorate en fonction de la température, du pH, du matériau mis en jeu, de la concentration et du temps de contact, différents niveaux ont été définis pour chaque paramètre. Les paramètres étudiés et les niveaux définis sont listés sur le tableau 15.

Température (°C)	pH	Concentration en NaClO (ppm)	Matériaux	Durée de vieillissement (heures)
25 50 70	4 7 10	0 100	Cuivre PVCc	0 2 5 24

Tableau 15 : Paramètres choisis pour l'étude de la cinétique de décomposition de l'hypochlorite de sodium.

Trois températures ont été choisies : 25°C qui sert de référence, 50°C et 70°C qui sont les températures employées lors des essais de vieillissement présentés aux chapitres 4 et 5. Trois valeurs de pH sont étudiées : 4 et 10 afin d'isoler une seule des espèces (HClO pour pH=4 et ClO⁻ pour pH=10) et 7 afin de se rapprocher des conditions de pH utilisées lors du vieillissement des matériaux en conditions dynamiques (chapitre 5). Une concentration de

94/259

Chapitre 3 : Composition des solutions
de vieillissement chimie de
l'hypochlorite de sodium

100 ppm de désinfectant, concentration très utilisée lors des essais en stagnation (chapitre 4), a été testée, et un témoin à 0 ppm a suivi les mêmes conditions de vieillissement que la solution chlorée à 100 ppm. Comme matériaux de contact, le cuivre et le PVCc ont été choisis : le cuivre, car c'est un matériau potentiellement capable de catalyser la réaction de décomposition en ions chlorate d'après les travaux de **[7, 22]**, et le PVCc, car c'est un matériau supposé inerte. Le temps de contact a été limité à 24 heures car les solutions des essais en stagnation (chapitre 4) sont renouvelées toutes les 24 heures.

Un plan d'expérience complet aurait compris 144 expériences. Alors, afin d'optimiser le nombre d'expériences à réaliser, un logiciel de statistique (Minitab 16) a été utilisé. En négligeant certaines interactions, le nombre d'expériences a été réduit à 51, ces expériences sont listées en annexe 3. Les interactions négligées sont présentées sur le tableau 16.

Interaction	Justification
Cu/24h	Le cuivre, catalyseur de la réaction de décomposition, devrait produire assez d'ions chlorate lors des premières 5 heures de contact pour permettre d'estimer une vitesse de production.
0 ppm/PVCc	Le PVCc, matériau inerte, ne doit pas influer sur l'évolution de la solution témoin.
pH=4/25°C	La valeur de pH 4 et une température 25°C s'éloignent des conditions de vieillissement testées sur les essais de vieillissement de matériaux (chapitres 4 et 5).
pH=10/25°C	
0h/PVCc	Le PVCc, matériau considéré inerte, ne doit pas influer sur la chimie de la solution, pour des faibles temps de contact ou pour des faibles températures.
2h/PVCc	
25°C/PVCc	
0 ppm/25°C	La solution témoin doit exprimer très peu des changements à 25°C.

Tableau 16 : Interactions négligées pour la formulation du plan d'expériences et justification.

95/259
Chapitre 3 : Composition des solutions
de vieillissement chimie de
l'hypochlorite de sodium

3.3 DIAGRAMME DE REPARTITION DE L'HYPOCHLORITE DE SODIUM

Les méthodes décrites précédemment permettent de tracer le diagramme de répartition des espèces issues de l'hypochlorite de sodium à 25°C, 50°C et 70°C.

Afin de tracer expérimentalement les diagrammes de répartition de l'hypochlorite de sodium à 25°C, 50°C et 70°C, six valeurs différentes de pH ont été retenues. Pour chaque valeur de pH, les concentrations en HClO et ClO⁻ ont été mesurées. Finalement, les courbes de répartition ont été tracées en ajustant au mieux la courbe par rapport aux points expérimentaux. Lors de ces essais, les solutions sont en contact uniquement avec du verre. La figure 20 montre les courbes de répartition tracées pour les trois températures testées.

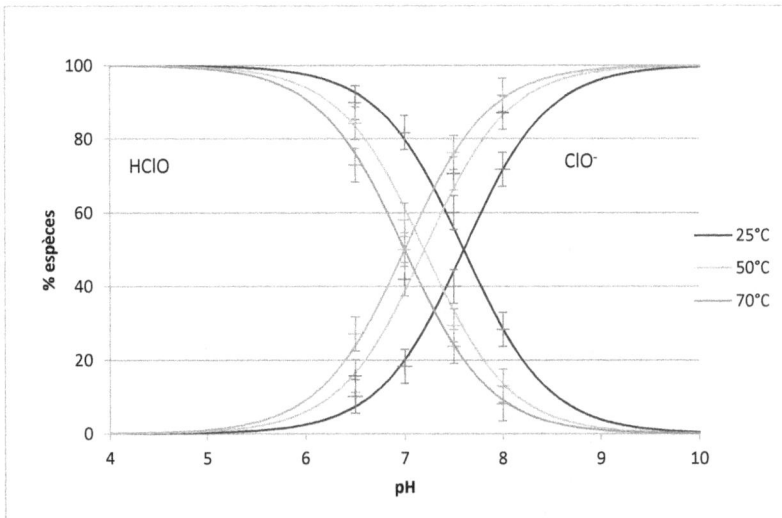

Figure 20 : Diagrammes de répartition des espèces de l'hypochlorite de sodium (100 ppm), à 25°C, 50°C et 70°C.

Lorsque la température augmente, un décalage des domaines de prédominance vers des valeurs de pH plus faibles est observé.

Chapitre 3 : Composition des solutions
de vieillissement chimie de
l'hypochlorite de sodium

Les valeurs de pKa des courbes de répartition expérimentales obtenues et les racines carrées de la somme des carrés des distances entre les points expérimentaux et ceux des courbes tracées qui ont permis de fixer les pKa, sont présentés sur le tableau 17.

Température (°C)	pKa	$\sqrt{\sum Carrés\ de\ distances}$ (%)
25	7,6	5,4
50	7,2	5,2
70	7	3,2

Tableau 17 : pKa et racine carrée de la somme des carrés de distances entre les points expérimentaux et ceux des courbes tracées.

En accord avec la littérature [117, 119], le pKa se déplace vers des valeurs plus faibles avec l'augmentation de température. La relation entre le pKa et la température sur la gamme de températures testées peut être assimilée à une relation quasi-linéaire (figure 21). Par conséquent, une augmentation de la température à une valeur de pH donnée, implique une diminution de la teneur en acide hypochloreux et une augmentation de la teneur en ion hypochlorite.

Cette évolution des répartitions des espèces lorsque la température augmente peut conduire soit à des modifications des modes de corrosion ou soit uniquement à des modifications des cinétiques de dégradation.

La figure 21 montre aussi l'évolution du potentiel d'oxydoréduction en fonction de la température pour une solution à pH 7 et chlorée à 100 ppm.

Chapitre 3 : Composition des solutions
de vieillissement chimie de
l'hypochlorite de sodium

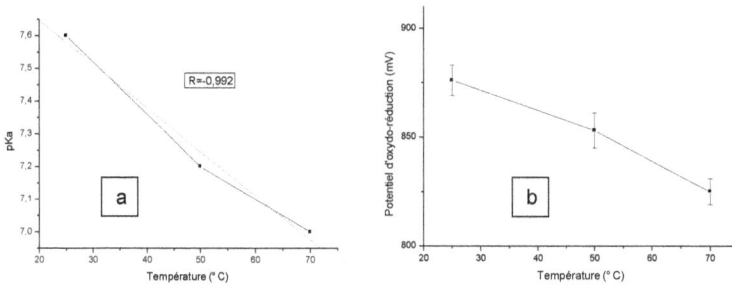

Figure 21 : Représentation du pK_a des solutions d'hypochlorite de sodium (100 ppm) (a) et évolution du potentiel d'oxydoréduction d'une solution d'hypochlorite de sodium à pH 7 et à 100 ppm de désinfectant (b) en fonction de la température.

La figure précédente révèle une diminution progressive de la valeur du pK_a lorsque la température augmente de 25 à 70°C. Ainsi, pour des températures comprises entre 50 et 70°C, relatives à nos préoccupations de réseaux d'eau chaude sanitaire dont le pH avoisine la neutralité, une répartition équivalente en acide hypochloreux et ions hypochlorite est observé. Conjointement à cette diminution de pK_a avec la température, une baisse progressive du potentiel d'oxydoréduction se produit lors de l'élévation de la température. Cette baisse est probablement reliée à la diminution de la concentration en HClO. En effet, l'acide hypochloreux (HClO) est le plus fort composé oxydant de l'eau de Javel [7]. Par conséquent à une valeur de pH donnée, l'augmentation de la température devrait conduire à un décalage de la valeur du potentiel d'oxydoréduction de la solution vers des valeurs plus faibles. En effet, le potentiel d'oxydoréduction d'une solution est dépendant des oxydants présents dans la solution [101, 120], une solution possédant un pouvoir oxydant important (concentration d'oxydants importante ou oxydants forts) est caractérisée par un potentiel d'oxydoréduction élevé.

Les essais de vieillissement, réalisés en conditions statiques ou dynamiques, qui seront présentés dans les chapitres 4 et 5 de ce manuscrit, ont été réalisés à différentes valeurs de pH et à deux températures (50 et 70°C). A

Chapitre 3 : Composition des solutions
de vieillissement chimie de
l'hypochlorite de sodium

l'aide des résultats expérimentaux (diagramme de répartition des espèces
de l'eau de Javel obtenu), il est possible de connaître précisément la
répartition des espèces (HClO et ClO⁻) aux valeurs de pH et température
testées. Le tableau 18 présente les pourcentages d'espèces HClO et ClO⁻
pour les conditions des essais de vieillissement statique et dynamique des
matériaux de l'étude. Il faut souligner que les teneurs présentées dans le
tableau 18 sont exprimées en pourcentage de la teneur initiale en
hypochlorite de sodium introduite (ici à 100 ppm). Les essais de
vieillissement des matériaux sont réalisés pour des teneurs initiales en
hypochlorite de sodium introduit variant de 1 à 1000 ppm. Il s'avère
judicieux de vérifier la pertinence de ces distributions pour d'autres teneurs
initiales en hypochlorite de sodium, ceci afin de mettre en évidence
d'éventuel effet de seuil de concentration.

Température (°C)	pH	% HClO	% ClO⁻
	7,2	39	61
	8,5	2,5	97,5
70	9	1	99
	9,3	0,5	99,5
	10,6	0	100
50	7,2	50	50

Tableau 18 : Répartition en pourcentage des espèces HClO et ClO⁻ aux
températures et pH testés lors des vieillissements en statique et
dynamique.

En conclusion, lors des essais de vieillissement en conditions statiques en
présence de désinfectant et à 70°C, réalisés à des valeurs de pH comprises
entre 8,5 et 10,6, l'ion hypochlorite est l'espèce majoritaire alors que l'acide
hypochloreux sera l'espèce minoritaire restant en dessous de 2,5% de la
concentration totale de désinfectant. Dans cette plage de valeurs de pH, la
composition des espèces issues de l'hypochlorite de sodium n'évolue guère
pour de faibles variations de pH, suggérant que le pouvoir oxydant du
milieu sera probablement le même pour les solutions de valeurs de pH
comprises entre 8,5 et 10,6.

Concernant les essais de vieillissement en conditions dynamiques, où la
valeur du pH est fixée à 7,2, il est à noter une différence significative par

99/259
Chapitre 3 : Composition des solutions
de vieillissement chimie de
l'hypochlorite de sodium

rapport à la répartition des espèces. En effet, à 50°C la solution contient la même quantité d'acide hypochloreux que d'ion hypochlorite tandis qu'à 70°C la solution contient nettement moins d'acide hypochloreux. Une implication importante de ce dernier fait est que le pouvoir oxydant de la solution est plus important à 50°C qu'à 70°C.

3.4 CINETIQUE DE DECOMPOSITION DE L'HYPOCHLORITE DE SODIUM

Les méthodes décrites précédemment permettent d'étudier la cinétique de décomposition de l'acide hypochloreux et des ions hypochlorites en ions chlorate à 25, 50 et 70°C.

D'après Adam et Lister, qui ont réalisé des expériences à des pH basiques et à des températures pouvant aller jusqu'à 75°C, l'hypochlorite de sodium est susceptible de se décomposer selon deux voies principales : l'une conduit à la formation des ions chlorate (ClO_3^-) et chlorure (Cl^-) et la deuxième produit de l'oxygène (O_2) et d'ions chlorure [16, 20]. Cependant, la voie produisant les ions chlorate est prédominante [16, 20].

Cette décomposition (selon les deux voies), lente à la température ambiante, est accélérée par l'élévation de la température [17] (la vitesse de décomposition est doublée lorsque la température augmente de 5°C). La présence de métaux de transition catalyse aussi cette réaction de décomposition [7]. De plus, la vitesse de réaction variera avec la concentration initiale en hypochlorite de sodium. En effet, la vitesse de décomposition augmente avec la concentration [7]. Le pH et la force ionique de la solution affectent aussi la vitesse de décomposition [16, 17, 20] ; cependant, l'influence de ces derniers facteurs est complexe et très peu d'études y font allusion.

Des expériences ont été réalisées afin d'étudier la cinétique de décomposition de l'hypochlorite de sodium en ions chlorate en présence de différents matériaux comme le verre, le PVCc, ou le cuivre.

Chapitre 3 : Composition des solutions
de vieillissement chimie de
l'hypochlorite de sodium

3.4.1 Cinetique de degradation des solutions d'hypochlorite de sodium en contact avec le verre

Le vieillissement des solutions chlorées à 100 ppm en contact avec le verre a été suivi pendant 24 heures à 25°C, 50°C et 70°C pour des solutions à pH 4, 7 et 10.

Les mesures effectuées révèlent que les solutions à base d'hypochlorite de sodium, dont la répartition des espèces évolue en fonction du pH et de la température, sont relativement stables et conservent leur pouvoir oxydant. En effet, la consommation des oxydants présents dans les solutions, soit en raison de la présence du matériau (le verre) soit en raison d'un mécanisme de décomposition qui entraîne la formation des ions chlorate, n'est pas significative pour les températures de 25°C et 50°C. En revanche, à la température de 70°C, cette consommation semble devenir significative, notamment à pH 7. Les figure 22 et figure 23 montrent les évolutions des concentrations de HClO, ClO$^-$ et ClO$_3^-$ à 70°C aux pH testés. La figure 23 montre aussi le pourcentage d'ions chlorate formé par rapport au chlore libre après 24 heures de vieillissement des solutions aux températures et pH testés.

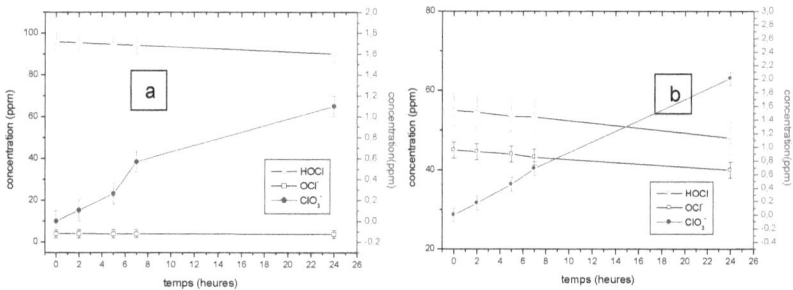

Figure 22 : Evolution des concentrations de HClO, ClO$^-$ et ClO$_3^-$ en fonction du temps à 70°C et à pH 4 (a), à pH 7 (b) en contact avec le verre.

Chapitre 3 : Composition des solutions
de vieillissement chimie de
l'hypochlorite de sodium

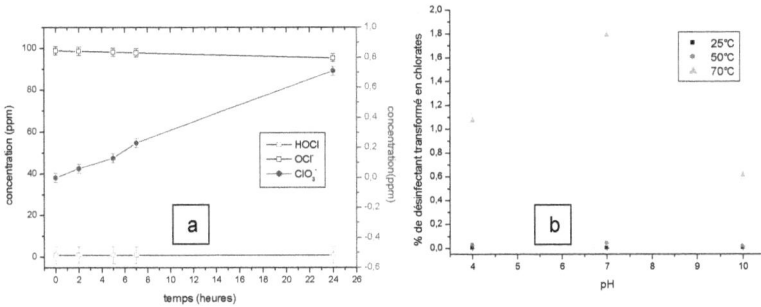

Figure 23 : Evolution des concentrations de HClO, ClO⁻ et ClO_3^- en fonction du temps à 70°C et à pH 10 en contact avec le verre (a). Pourcentage de désinfectant transformé en ions chlorate après 24 heures de vieillissement aux pH et températures testés en contact avec le verre (b).

A 70°C, les figures précédentes révèlent que la production d'ions ClO_3^- au cours du temps devient significative. La concentration des ions chlorate évolue de façon quasi-linéaire avec le temps pour les trois pH testés. Cependant, la production de ClO_3^- est plus élevée à pH 7. Le pH semble donc avoir une influence sur cette formation. En effet, à pH 7, la formation de ClO_3^- est accélérée d'un facteur 1,6 par rapport à pH 4 et d'un facteur 3 par rapport à pH 10.

La réaction de décomposition de l'acide hypochloreux en ions chlorate (pH 4) et celle de l'ion hypochlorite en ions chlorate (pH 10) sont considérées comme étant du deuxième ordre [16, 20-22]. La constante de vitesse k d'une réaction d'ordre 2 peut être exprimée comme :

$$k = \frac{\frac{1}{[C_f]} - \frac{1}{[C_0]}}{t}$$
Équation 12,

avec C la concentration en hypochlorite de sodium (mol.L^{-1}), k une constante de vitesse en mol^{-1}s^{-1} et t le temps en secondes [118].

Pour déterminer la constante de vitesse, $1/C_t$ est tracé en fonction de t. Le tableau 19 présente les constantes de vitesse à 70°C pour les trois valeurs de pH testés. Ces constantes de vitesse sont du même ordre de grandeur que celle rapportée par les travaux de Yee et al. (1,38x10^{-5} mol^{-1}s^{-1}) [17] réalisés à 75°C et pH>9.

Chapitre 3 : Composition des solutions
de vieillissement chimie de
l'hypochlorite de sodium

pH	10	7	4
Espèces majoritaires	ClO^-	$ClO^-=HClO$	$HClO$
k (mol^{-1}s^{-1})	$(4,98\pm0,25)\times10^{-5}$	$(1,40\pm0,07)\times10^{-4}$	$(8,81\pm0,45)\times10^{-5}$

Tableau 19 : Constantes de vitesse de dégradation de l'hypochlorite de sodium à 70°C calculées en supposant un mécanisme de deuxième ordre.

En conclusion, la formation des ions chlorate issue de la dégradation de la solution d'hypochlorite de sodium en contact avec le verre fait intervenir des réactions cinétiquement lentes. Lors d'un vieillissement de 24 heures, cette dégradation n'est observable qu'à 70°C. Il est important de souligner que la formation de ClO_3^- dépend également du pH.

3.4.2 CINETIQUE DE DEGRADATION DES SOLUTIONS D'HYPOCHLORITE DE SODIUM EN CONTACT AVEC DU CUIVRE OU PVCc

Il est reporté dans la littérature que certains ions métalliques, notamment les ions cuivriques Cu^{2+} peuvent catalyser la réaction de dégradation de la solution d'hypochlorite de sodium [7, 22]. Afin d'évaluer l'influence du matériau sur la dégradation de la solution, des essais avec deux matériaux ont été réalisés : le cuivre qui est supposé catalyser la réaction de décomposition de l'hypochlorite de sodium [7, 22], et le PVCc ne présentant pas d'influence notable sur cette décomposition [7]. Les solutions en contact avec le cuivre ont été vieillies pendant 5 heures, tandis que les solutions en contact avec le PVCc ont été vieillies durant 24 heures. Il est important de souligner que cette approche s'effectue avec des matériaux neufs, préalablement nettoyés et rincés comme décrit dans la procédure expérimentale. Dans le cas du cuivre, la réactivité est alors très élevée dans les conditions de vieillissement étudiées, ceci implique une limitation de la durée d'exposition à 5 heures afin d'évaluer la consommation du désinfectant en contact de canalisations métalliques neuves.

Concernant le vieillissement fait en présence du PVCc, les résultats obtenus permettent de conclure que le comportement de ce matériau est très proche de celui du verre. A titre d'exemple, la figure 24 présente le

Chapitre 3 : Composition des solutions
de vieillissement chimie de
l'hypochlorite de sodium

pourcentage d'ions chlorate formés à 50°C et 70°C pour les pH testés après 24 heures de vieillissement.

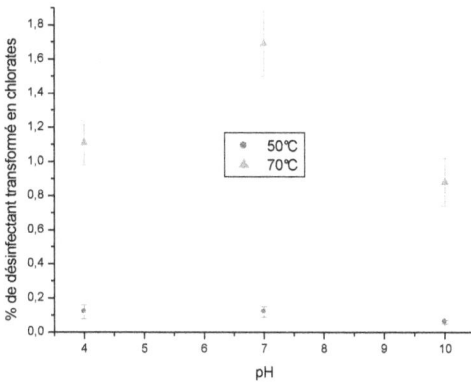

Figure 24 : Pourcentage de désinfectant transformé en ions chlorate après 24 heures de vieillissement en contact avec du PVCc aux pH testés à 50°C et 70°C.

La formation de ClO_3^- dans les solutions en contact avec du PVCc après 24 heures ne montre pas de différences significatives par rapport à celle observée pour les solutions en contact avec du verre. Le PVCc n'a donc pas d'influence notable sur la décomposition de l'hypochlorite de sodium.

Les figure 25 et figure 26 montrent l'évolution des concentrations de HClO, ClO^- et ClO_3^- en présence de cuivre en fonction du temps de conditionnement à des valeurs de pH 4, 7 et 10 pour 50°C et 70°C respectivement.

Chapitre 3 : Composition des solutions
de vieillissement chimie de
l'hypochlorite de sodium

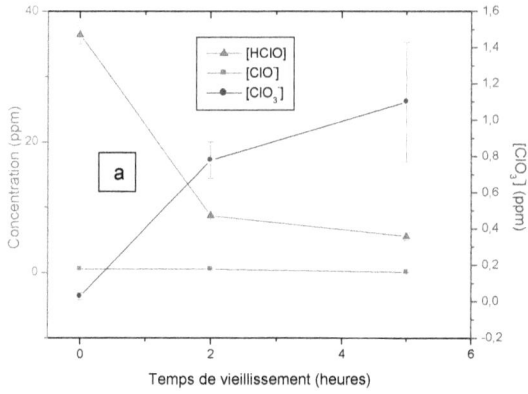

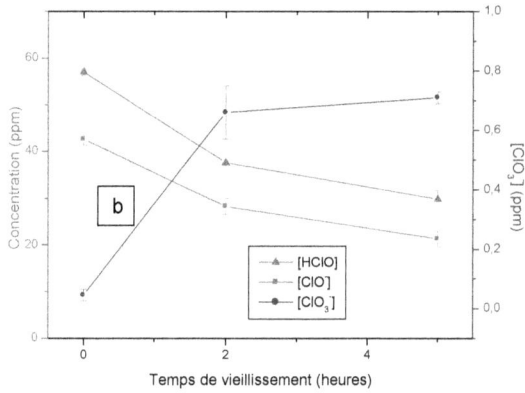

Chapitre 3 : Composition des solutions
de vieillissement chimie de
l'hypochlorite de sodium

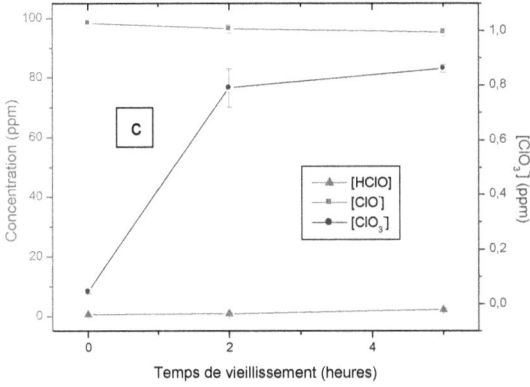

Figure 25 : Evolution des concentrations de HClO, ClO⁻ et ClO₃⁻ en présence
de cuivre en fonction du temps de vieillissement à 50°C pour des valeurs de
pH de 4 (a), 7 (b) et 10 (c).

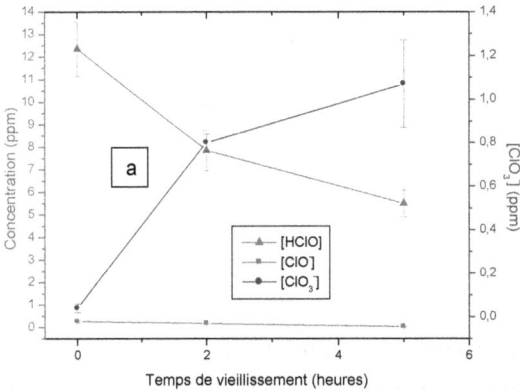

Chapitre 3 : Composition des solutions
de vieillissement chimie de
l'hypochlorite de sodium

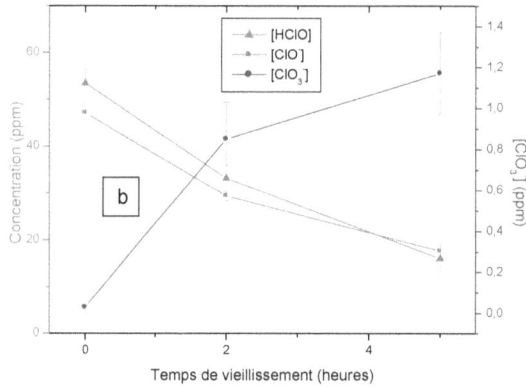

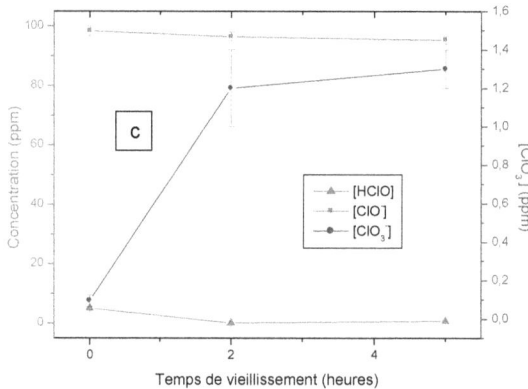

Figure 26 : Evolution des concentrations de HClO, ClO⁻ et ClO₃⁻ en présence
de cuivre en fonction du temps de vieillissement à 70°C pour des valeurs de
pH de 4 (a), 7 (b) et 10 (c).

Les espèces issues de l'hypochlorite de sodium, notamment HClO, sont des
oxydants forts qui participent aux réactions cathodiques impliquées dans le
mécanisme de corrosion uniforme du cuivre. Ainsi, la corrosion du cuivre
conduit à une consommation du désinfectant dont l'ampleur dépend du pH,
de la température et de la concentration initiale en désinfectant.

Chapitre 3 : Composition des solutions
de vieillissement chimie de
l'hypochlorite de sodium

Les résultats obtenus montrent que l'hypochlorite de sodium se décompose très rapidement en présence de cuivre. La décomposition semble plus rapide aux valeurs de pH plus acides. En effet, à pH 10, la décomposition est très faible et peu significative. A pH 4, au moment défini comme t=0, la concentration d'hypochlorite de sodium a déjà diminuée de plus de la moitié, (t=0 est défini au moment où la température de consigne est atteinte), et après 5 heures de vieillissement la teneur en hypochlorite de sodium n'est plus que de quelques ppm.

Concernant la formation des ions chlorate, la réaction semble être légèrement accélérée en présence de cuivre. La figure 27 présente le pourcentage de désinfectant transformé en ClO_3^- après 5 heures de vieillissement à 70°C en contact respectivement avec du verre ou du cuivre.

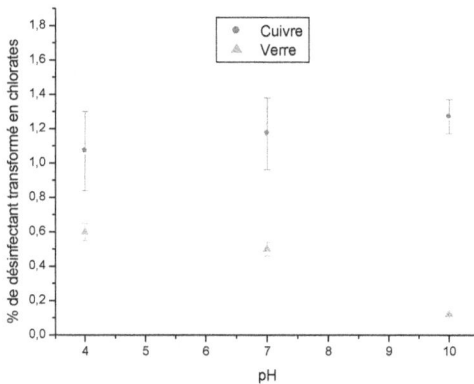

Figure 27 : Pourcentage de désinfectant transformé en ClO_3^- après 5 heures de vieillissement à 70°C en présence de cuivre ou du verre.

En effet, la formation de ClO_3^- est significative après 5 heures de vieillissement pour tous les pH testés à 50°C et 70°C. Rappelons que cette évolution n'était significative que pour une température de 70°C pour les solutions en contact avec du verre. Effectivement, après 5 heures, les solutions vieillies à 70°C et pH 7 en présence de cuivre conduisent à la formation d'environ le double de ClO_3^- en comparaison de celles vieillies dans les mêmes conditions sans le cuivre. Cependant, la faible teneur en

108/259

Chapitre 3 : Composition des solutions
de vieillissement chimie de
l'hypochlorite de sodium

ions chlorate formés (~1 ppm) n'est pas suffisante pour expliquer la rapide diminution des teneurs en espèces issues de l'hypochlorite de sodium (HClO et ClO⁻) à pH 4 et 7. La principale source de consommation de l'hypochlorite de sodium en présence de cuivre n'est donc pas attribuable à la formation de ClO_3^-. Deux autres mécanismes de consommation du désinfectant en présence de la canalisation en cuivre sont alors susceptibles de se produire :

1. La décomposition en O_2 et Cl⁻ **[7, 16, 20, 22]**, qui se déroulerait selon les réactions :

   $2ClO^- \rightarrow O_2 + 2Cl^-$

   $2HClO \rightarrow O_2 + 2Cl^- + 2H^+.$

   L'une ou l'autre ou les deux réactions simultanément peuvent avoir lieu en fonction du pH.

2. La réduction des espèces issues du désinfectant lors de la dégradation du cuivre **[15, 75]**, dont la réaction globale s'écrit sous la forme :

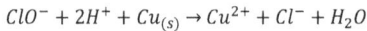

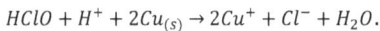

   $ClO^- + 2H^+ + Cu_{(s)} \rightarrow Cu^{2+} + Cl^- + H_2O$

   $HClO + H^+ + 2Cu_{(s)} \rightarrow 2Cu^+ + Cl^- + H_2O.$

D'après la littérature, la première voie de décomposition de l'ion hypochlorite (ClO⁻) en oxygène et ions chlorure est catalysée par le cuivre **[7, 16, 20, 22]**. Cependant, sur les figures précédentes, il est observé qu'à pH 10 où ClO⁻ est l'espèce majoritaire, sa décomposition est beaucoup plus lente. Par conséquent, la première voie de décomposition peut être écartée.

En effet, la décomposition est plus rapide à pH=7 et à pH=4. Ceci pourrait indiquer que l'hypochlorite de sodium se décompose d'avantage en oxydant le cuivre. La surface du cuivre serait à l'origine des différences de vitesse de décomposition observées en fonction du pH. Il est connu que le cuivre possède un large domaine de passivité, qui s'étend de pH=5 jusqu'aux alentours de pH=15 **[14]**. Par contre, dans des milieux très oxydants (plaçant le métal à des potentiels supérieurs à 0,2 V), la plage de passivité

Chapitre 3 : Composition des solutions
de vieillissement chimie de
l'hypochlorite de sodium

n'est pas aussi large puisqu'elle est comprise entre pH=6,8 et pH=12,8 **[14]**. Dans cette étude, les solutions sont très oxydantes (potentiel d'oxydoréduction compris entre 0,8 et 0,9 V). Par conséquent, à pH=4 le cuivre est dans le domaine de corrosion tandis que pour les valeurs de pH égales à 7 et 10 le cuivre est dans le domaine de passivation. En effet, à pH=4, la couche protectrice des produits de corrosion de cuivre se forme difficilement. En revanche, à pH=7 une couche protectrice de produits de corrosion du cuivre se forme au cours du vieillissement. Cette couche protectrice ralentit l'accès de l'hypochlorite de sodium vers le cuivre. Finalement, à pH=10 la formation de la couche de passivation est très rapide, en empêchant dès le début du vieillissement l'accès de l'hypochlorite de sodium. Ceci implique alors que la consommation du désinfectant par interaction avec le métal dans ces dernières conditions de vieillissement est très faible.

Il est à noter que, même en présence de cuivre, la formation d'ions chlorate reste faible pour toutes les conditions testées. Cependant, la question à se poser est si la quantité d'ions chlorate formée est suffisante pour être prise en compte lors des essais de vieillissement qui sont présentés par la suite.

Concernant le PVCc, il est clair que la formation de ClO_3^- ne devient significative qu'à 70°C et que la quantité des ions chlorate formés après 24 heures à 70°C est faible (~0,9 ppm à pH 10 et ~ 1,7 ppm à pH 7). Par conséquent, les ions chlorate seront à prendre en compte en tant qu'oxydant minoritaire dans les solutions utilisées pour les essais de vieillissement réalisés à 70°C sur le PVCc, et probablement, sur le PERT.

En présence du cuivre, la réaction de formation de ClO_3^- est accélérée. Après 5 heures de vieillissement, des concentrations significatives en ions chlorates sont retrouvées dans les solutions qui ont vieillies en présence du cuivre. Cependant, ces essais ne vont pas au-delà de 5 heures de vieillissement, tandis que les essais de vieillissement des matériaux ont des fréquences de renouvellement des solutions de 24 heures (essais en conditions statiques) et 10 heures (essais en conditions dynamiques). La cinétique de formation de ClO_3^- observée en contact avec du verre (pendant

Chapitre 3 : Composition des solutions
de vieillissement chimie de
l'hypochlorite de sodium

24 heures) (§ 3.4.1) peut servir de base afin d'estimer la concentration de CIO_3^- pour les durées de vieillissement de 10 et 24 heures. En effet, le cuivre est considéré comme un catalyseur de la réaction de formation d'ions chlorate **[7, 22]**. En contact avec du verre, l'évolution de la concentration en ions chlorate était quasi linéaire pendant les 24 heures testées. Sur la figure 28, les évolutions de la concentration en CIO_3^- à 70°C et des valeurs de pH 7 et 10 sont présentées avec une régression linéale s'ajustant aux points expérimentaux obtenus. Sur la même figure, les évolutions des concentrations en CIO_3^- à 70°C (pH 7 et 10) et à 50°C (pH 7) sont aussi présentées avec des extrapolations réalisées à partir de régressions linéales.

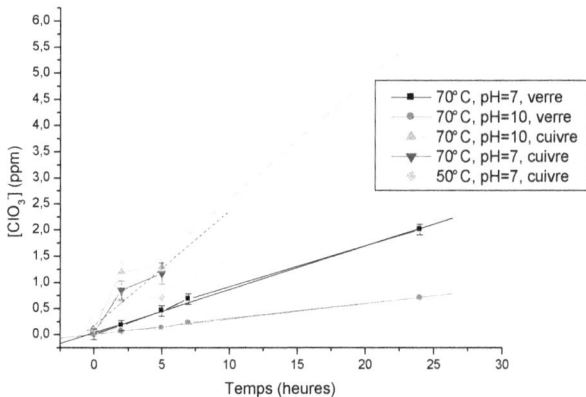

Figure 28 : Evolution de la concentration en CIO_3^- des solutions en présence
de cuivre en fonction du temps, ajustement linéaire des points et
extrapolation.

La corrélation entre les droites de régression tracées et les points expérimentaux est très élevée (R~0,999) pour les solutions en contact avec du verre. Par conséquent, en première approximation, l'utilisation de droites pour simuler l'évolution de la concentration en ions chlorate semble judicieuse. Par contre, les coefficients de corrélation des droites de régression réalisées sur les solutions vieillies en présence du cuivre ne sont pas aussi élevés (0,967 ; 0,970 ; 0,987). Il semble que la vitesse de formation de CIO_3^- en présence du cuivre ralentie au cours du temps. En

Chapitre 3 : Composition des solutions
de vieillissement chimie de
l'hypochlorite de sodium

effet, dans un premier temps (après les deux premières heures de vieillissement), la vitesse de formation de ClO_3^- est accélérée en présence du cuivre par rapport aux solutions vieillies en contact avec du verre d'un facteur de l'ordre de 10, puis d'un facteur de l'ordre de 3 après 5 heures de vieillissement.

Même si l'évolution de la concentration de ClO_3^- en présence du cuivre ne s'avère pas parfaitement linéaire, les droites tracées permettent d'avoir une idée de l'ordre de grandeur de la concentration en ClO_3^- attendue après 10 et 24 heures, en extrapolant. Ces concentrations sont listées sur le tableau 20.

Température (°C)	pH	Temps de vieillissement (heures)	[ClO_3^-] (ppm)	Condition de vieillissement associée
70	10	24	~6	Statique
	7	10	~2,5	Dynamique
50	7	10	~1,3	Dynamique

Tableau 20 : Concentration de chlorates estimée pour les essais de vieillissement de matériaux.

En conclusion, pour les essais de vieillissement réalisés sur le cuivre, les ions chlorate devront être pris en compte comme l'un des oxydants présents dans la solution, notamment sur les essais de vieillissement en conditions de stagnation (pH~10) où le temps de séjour de la solution est plus important, et la consommation du désinfectant par des réactions d'oxydo-réduction avec le cuivre n'est pas très rapide. Concernant, les essais en dynamique, la concentration en chlore libre est maintenue en continu, par conséquent, la formation d'ions chlorate ne sera pas limitée par une éventuelle consommation du désinfectant par des réactions d'oxydo-réduction avec le cuivre. Il est aussi à noter que la formation de ClO_3^- est presque doublée à 70°C par rapport à 50°C.

Chapitre 3 : Composition des solutions
de vieillissement chimie de
l'hypochlorite de sodium

3.5 DISCUSSION GENERALE SUR LES IMPLICATIONS DES RESULTATS CONCERNANT LA CHIMIE DE L'HYPOCHLORITE DE SODIUM A 50°C ET 70°C ET CONCLUSION

Au niveau pratique, l'acide hypochloreux (HClO) est l'espèce la plus désinfectante **[7]**. En effet, l'acide hypochloreux est cent fois plus bactéricide que l'ion hypochlorite (ClO⁻). Par conséquent, l'augmentation de la température diminuera l'efficacité des traitements chimiques à base d'hypochlorite de sodium si le pH est supposé constant car l'équilibre entre HClO et ClO⁻ est déplacé vers ClO⁻. Par exemple, à pH=7,2 un traitement de choc chloré utilisant une concentration de 100 ppm aura 11 ppm d'acide hypochloreux de moins à 70°C qu'à 50°C. De plus, il a été montré que l'augmentation de la température accélère la décomposition des solutions d'eau de Javel. Par conséquent, les traitements en chocs thermo-chlorés (traitements qui couplent un choc thermique à 70°C et un choc chloré à 100 ppm) sont à éviter sur les sites réels.

La dégradation des solutions d'hypochlorite de sodium en ions chlorate à 50°C est significative en présence de cuivre et les ions chlorates peuvent présenter des risques pour la santé humaine **[16, 22, 121]**. Cependant, cette étude a été réalisée avec des concentrations de désinfectant très élevées, il paraît pertinent donc, de se questionner sur la quantité de chlorates qu'un réseau réel, chloré en continue à une concentration de 1 ppm, serait susceptible de produire. Par conséquent, il paraît pertinent de contrôler la concentration en ions chlorates (ClO₃⁻) des installations d'eau chaude sanitaire en cuivre chlorées avec de l'hypochlorite de sodium.

La formation de ClO₃⁻ reste cependant faible, de l'ordre de 1 ppm après 5 heures de vieillissement en présence de cuivre à 70°C. Le temps de séjour des solutions lors des essais en statique est de 24 heures tandis que le temps de séjour des solutions lors des essais en dynamique est de 10 heures. De plus, lors des essais vieillissement, en conditions statiques ou dynamiques, le rapport surface de canalisation/volume d'eau est plus élevé (x2). En effet, lors des essais de vieillissement de matériaux en conditions statiques et dynamiques le temps de contact et la surface catalytique

Chapitre 3 : Composition des solutions
de vieillissement chimie de
l'hypochlorite de sodium

(cuivre) sont plus élevés. Par conséquent, une formation de ClO_3^- plus importante est attendue pendant les premiers jours de vieillissement, avant que le matériau soit recouvert de produits de corrosion.

En conclusion, lors des essais de vieillissement de matériaux qui sont présentés dans les chapitres 4 et 5 il faudra considérer plusieurs points : pour les essais en conditions statiques (chapitre 4), la plupart des pH testés sont assez basiques pour pouvoir négliger la concentration d'acide hypochloreux. La concentration en ions chlorate est faible pour toutes les conditions, sans toutefois être négligeable. Par conséquent, l'espèce majoritaire pour ces essais est l'ion hypochlorite.

Concernant les essais en conditions dynamiques (chapitre 5), le pH est placé à une valeur de 7,2. A cette valeur de pH, l'acide hypochloreux et l'ion hypochlorite seront présents à des concentrations importantes. Cependant, il est à noter qu'à 70°C, la quantité d'acide hypochloreux sera de plus de 10% inférieure à celle à 50°C. Finalement, la présence d'ions chlorate sera négligeable à 50°C pour les deux matériaux polymères testés tandis qu'elle sera faible mais significative à 50°C en présence de cuivre et à 70°C quel que soit le matériau testé.

CHAPITRE 4 : VIEILLISSEMENT EN CONDITIONS STATIQUES

Des essais de vieillissement accéléré ont été développés afin d'évaluer l'impact des traitements de désinfection sur la durabilité des matériaux. Ainsi, un vieillissement en conditions statiques a été mis en place afin de déterminer les critères d'endommagement permettant de traduire les pertes d'intégrité des matériaux utilisés dans les réseaux d'eau chaude sanitaire. Cependant, afin de limiter toutes modifications des mécanismes de dégradation lors de nos travaux, la variation des paramètres physicochimiques de l'eau chaude sanitaire a été fixée dans une gamme de valeurs proche des conditions réelles de fonctionnement de ces installations. En effet, les essais ont été réalisés à 70°C, température qui peut être éventuellement utilisée dans un réseau d'eau chaude sanitaire lors d'un traitement thermique en choc. De plus, la plupart des concentrations d'hypochlorite de sodium testées ne dépassent pas les 100 ppm, concentration qui d'après la littérature [12] peut être aussi éventuellement utilisée lors d'un traitement en choc chimique dans un réseau d'eau chaude sanitaire.

Le chapitre 3, présenté précédemment, a permis d'identifier les espèces présentes dans les solutions d'hypochlorite de sodium et la répartition de ces espèces en fonction de la température et du pH des solutions. Lors des essais en condition de stagnation, le pH des solutions n'a pas été ajusté (afin de se rapprocher des conditions d'un choc chloré pour lesquelles une variation du pH peut se produire due à l'injection du désinfectant). L'ajout d'hypochlorite de sodium, qui est une base faible, produit une augmentation du pH. Le pH des solutions est donc lié à la concentration en hypochlorite de sodium dans solution. Le tableau 21 présente la répartition des espèces de l'hypochlorite de sodium pour les pH testés.

Chapitre 4 : Vieillissement en
conditions statiques

Température (°C)	[Cl_2] (ppm)	pH	% HClO	% ClO⁻
70	1	8,5	2,5	97,5
	25	9	1	99
	100	9,3	0,5	99,5
	1000	10,6	0	100

Tableau 21 : Récapitulatif de la répartition des espèces de l'hypochlorite de sodium pour les conditions de vieillissement testées en stagnation.

Le tableau 21 met en évidence que pour des valeurs de pH de solution à 70°C supérieures à 8,5, les ions hypochlorites sont majoritaires.

Le chapitre 3 a aussi mis en évidence la formation d'ions chlorates à 70°C, cette formation, ayant une cinétique lente, est cependant significative, notamment pour les échantillons en contact avec le cuivre. Par conséquent, cette espèce sera considérée lors des essais en conditions statiques.

4.   VIEILLISSEMENT EN CONDITIONS STATIQUES

Après vieillissement, une observation à l'œil nu des échantillons a tout d'abord été réalisée afin de révéler d'éventuels changements au niveau macroscopique. Ensuite, concernant les matériaux métalliques, l'identification des produits de corrosion a été réalisée afin de déceler la séquence d'apparition des produits de corrosion. Des analyses thermiques ont été faites sur les matériaux polymères pour détecter d'éventuels effets du vieillissement sur les transitions physiques de ces matériaux. Des analyses par spectroscopie infrarouge sont aussi réalisées sur les matériaux polymères afin de détecter des produits d'oxydation. Finalement, une conclusion récapitule les résultats observés en fonction du matériau.

Ce chapitre comporte une partie consacrée à chaque matériau, dans laquelle les résultats obtenus avec les différentes techniques de caractérisation sont présentés et discutés. Une discussion générale prenant en compte la globalité des résultats est aussi réalisée par matériau. Finalement, la fin du chapitre expose une conclusion sur l'impact de l'ajout d'hypochlorite de sodium sur la dégradation des matériaux étudiés et sur les indicateurs de vieillissement trouvés.

Afin de faciliter la lecture, par la suite, les solutions chlorées avec de l'eau de Javel à « x » ppm seront notées « x » ppm EDJ (eau de Javel). Par exemple, échantillon vieilli à 100 ppm devient échantillon vieilli à 100 ppm EDJ.

4.1 VIEILLISSEMENT DU CUIVRE EN ESSAI DE STAGNATION

Des tubes de cuivre remplis d'une solution, préparée avec de l'hypochlorite de sodium et de l'eau du réseau de Nantes (la composition de l'eau du réseau de Nantes est présentée au chapitre 2), ont été vieillis à 70°C pendant 45 jours. Deux concentrations de désinfectant ont été testées : 0 et 100 ppm EDJ. Le pH des solutions n'était pas ajusté dans le but de se rapprocher de conditions utilisées lors d'un choc chloré sur un réseau d'eau chaude sanitaire où le pH n'est pas contrôlé. Par conséquent, la solution chlorée avait un pH plus élevé (pH=9,3) que celle sans désinfectant (pH=8). Cette différence de pH ne devrait pas avoir une répercussion sur la stabilité des produits de corrosion du cuivre puisque le cuivre a un large domaine de passivité qui s'étend de pH 5 jusqu'aux alentours de pH 15 [14]. Le tableau 22 récapitule les paramètres les plus importants des solutions de conditionnement des échantillons en cuivre.

Echantillons	Température (°C)	$[Cl_2]$ (ppm EDJ)	pH	%HClO	%ClO⁻
Témoin	70	0	8	0	0
Etude		100	9,3	0,5	99,5

Tableau 22 : Conditions de vieillissement des échantillons de cuivre en statique.

Le protocole de caractérisation du vieillissement a été le suivant : la morphologie des produits de corrosion a été étudiée à l'échelle macroscopique, puis les produits de corrosion ont été identifiés avec la spectroscopie Raman et la diffraction de rayons X et finalement, l'analyse et la synthèse des résultats a permis de conclure sur le vieillissement du cuivre dans les conditions d'essais.

4.1.1 MORPHOLOGIE DES FACIES DE DEGRADATION LORS DU VIEILLISSEMENT EN CONDITIONS STATIQUES

L'observation macroscopique est une évaluation visuelle de l'état de surface des échantillons après vieillissement en milieu corrosif. Cette évaluation est basée sur la modification de l'aspect de la surface interne de la manchette. L'observation macroscopique donne des informations sur le mode de corrosion (uniforme ou localisée) et sur la couleur des produits de corrosion qui peut servir d'aide à l'identification de ces produits de corrosion. Le tableau 23 permet de comparer les images d'un échantillon de cuivre non vieilli avec des échantillons de cuivre vieillis 8 et 45 jours au contact des solutions avec et sans désinfectant à 70°C.

[Cl$_2$] (ppm EDJ)	Temps de vieillissement (jours)		
	0	8	45
0			
100			

Tableau 23 : Images macroscopiques des échantillons de cuivre vieillis en conditions statiques.

Les surfaces corrodées observées sur tous les échantillons sont homogènes, le mode de corrosion est donc généralisé. Les couches de produits de corrosion formées sont plus foncées pour les temps de vieillissement les plus longs.

La surface des échantillons vieillis dans une solution contenant 100 ppm EDJ de désinfectant est recouverte d'une couche d'oxyde de couleur noire.

En revanche, la coloration de la surface des échantillons vieillis à 0 ppm EDJ est plus claire, se rapprochant de l'aspect du cuivre non vieilli.

Tout ceci semble indiquer que la couche d'oxyde des échantillons témoins (0 ppm EDJ) est plus fine que celle obtenue sur les échantillons vieillis à 100 ppm EDJ. En effet, la formation d'une couche oxydée sur les échantillons vieillis à 100 ppm EDJ est évidente à partir de 8 jours de vieillissement. La surface des échantillons vieillis à 0 ppm EDJ, après 45 jours de vieillissement, n'est pas très différente de celle de l'échantillon non vieilli.

Malgré des différences de pH significatives entre le milieu de référence et celui contenant le désinfectant, la dégradation des échantillons de cuivre est de type généralisée et relativement uniforme sur toute la surface exposée au milieu corrosif. Il s'avère cependant, que l'ajout du désinfectant conduit à une amplification des cinétiques de dégradation se traduisant alors par l'apparition de produits de corrosion de manière anticipée.

Afin d'accéder à la microstructure et à la composition élémentaire des produits de corrosion formés, des images MEB et des analyses EDS ont été réalisées sur la surface d'un échantillon vieilli à 100 ppm EDJ pendant 8 jours. La figure 29 montre une observation MEB en mode topographique et les analyses EDS réalisées sur celle-ci.

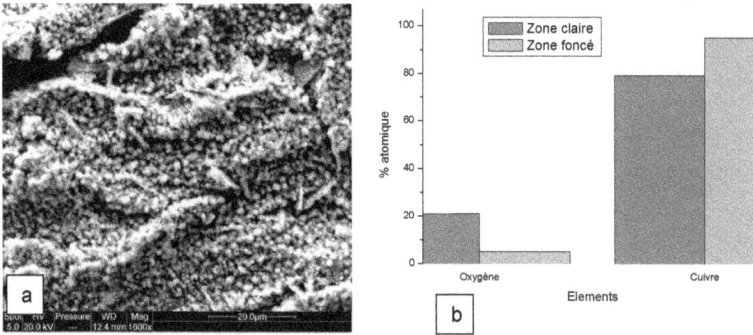

Figure 29 : Image MEB et analyses EDS d'un échantillon vieilli à 100 ppm
EDJ.

De petites particules blanches, correspondant probablement à des oxydes
de cuivre, commencent à recouvrir le substrat du cuivre (surface noire).
Effectivement, les analyses EDS réalisées sur les particules blanches
montrent une différence significative de quantité d'oxygène par rapport au
substrat noir. Les particules blanches sont composées de plus de 20 %
d'oxygène tandis que le substrat noir n'a presque pas d'oxygène dans sa
composition (moins de 5 %).

Ceci confirme que la couche de produits de corrosion, après huit jours de
vieillissement, présente une faible épaisseur. Les observations
macroscopiques et la microscopie électronique ont montré la formation
d'une fine couche de produits de corrosion, probablement des oxydes sur la
surface des échantillons de cuivre au cours du vieillissement. Cette
formation de la couche d'oxyde semble être accélérée par l'addition du
désinfectant à la solution.

4.1.2 IDENTIFICATION DES PRODUITS DE CORROSION DU CUIVRE

La diffraction des rayons X et la micro-spectroscopie Raman sont des
techniques de caractérisation qui donnent des informations sur la nature et
structure des couches de produits de corrosion formées au cours du
vieillissement. Ces deux techniques complémentaires ont des profondeurs
d'analyses différentes. Les bandes Raman ont été identifiées à l'aide de

travaux antérieurs **[122-125]** et les diffractogrammes X ont été analysés par l'intermédiaire de la banque de données JCPDS (Joint Committee on Powder Diffraction Standards).

Le tableau 24 présente la comparaison du diffractogramme X d'un échantillon de cuivre non vieilli avec ceux des échantillons de cuivre vieillis pendant 8 et 45 jours avec et sans désinfectant.

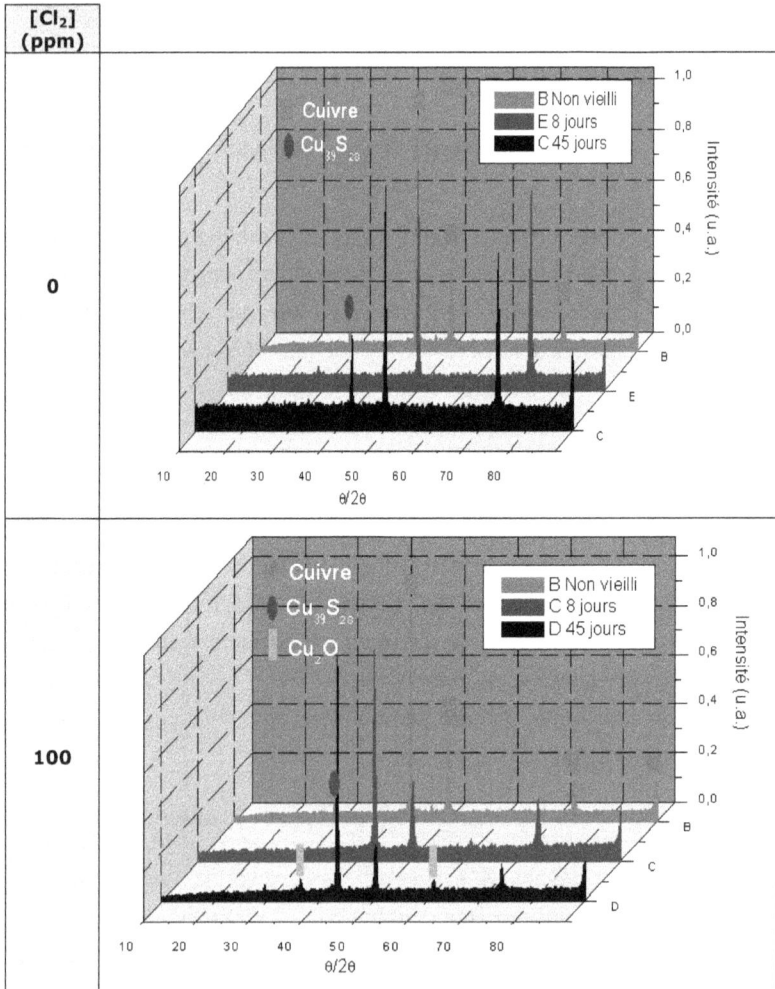

Tableau 24 : Diffractogrammes des échantillons de cuivre vieillis en conditions statiques.

Chapitre 4 : Vieillissement en
conditions statiques

Le diffractogramme de référence du cuivre (non vieilli) contient des raies caractéristiques du cuivre et aussi d'un sulfure de cuivre qui provient probablement d'impuretés présentes dans le minerai à partir duquel le cuivre est obtenu.

Les diffractogrammes obtenus en mode $\theta/2\theta$ sur des échantillons exposés à 0 ppm EDJ ne révèlent pas de raies caractéristiques de produits de corrosion quelque soit le temps de vieillissement, malgré un ternissement marqué des surfaces corrodées lorsque la durée de vieillissement augmente.

Il est à souligner que les diffractogrammes des échantillons vieillis à 100 ppm EDJ mettent en évidence des traces de cuprite (Cu_2O) dès 8 jours de vieillissement. La cuprite est un produit de corrosion apparaissant lors des premières étapes de dégradation du cuivre **[66-71]**. Après 45 jours de vieillissement, la cuprite est le seul produit de corrosion détectable.

Afin de compléter les analyses de surface, la micro-spectroscopie Raman a été mise en œuvre sur les échantillons afin de confirmer la nature des produits de corrosion. La profondeur d'analyse de la micro-spectroscopie Raman ($\sim$ nm) est moins importante que celle de la diffraction de rayons X ($\sim$ µm). Par conséquent, il se peut que la couche de produits de corrosion soit trop mince pour être détectée en diffraction de rayons X tandis que la micro-spectroscopie Raman serait adaptée à la détection de ces couches de produits de corrosion minces. Ainsi, la figure 30 présente les spectres caractéristiques des produits de corrosion détectés sur les échantillons vieillis 45 jours avec et sans désinfectant.

Chapitre 4 : Vieillissement en
conditions statiques

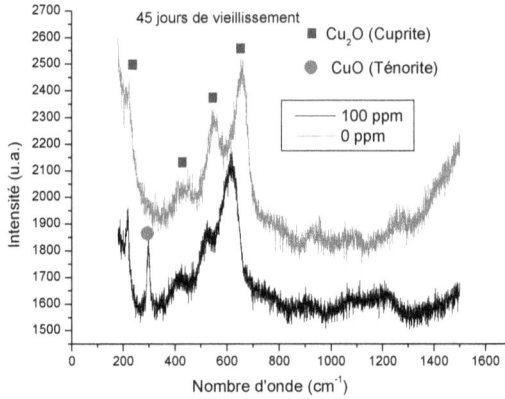

Figure 30 : Spectres Raman des échantillons de cuivre vieillis en stagnation
pendant 45 jours à 0 et 100 ppm EDJ.

La présence de cuprite est détectée par spectroscopie Raman sur les
échantillons vieillis 45 jours à 100 ppm EDJ et aussi à 0 ppm EDJ. De plus,
un pic intense correspondant à la ténorite apparaît pour l'échantillon vieilli à
100 ppm EDJ.

Le tableau 25 récapitule les espèces identifiées par diffraction de rayons X
et par spectroscopie Raman sur les échantillons vieillis en stagnation.

Technique de caractérisation	[Cl_2] (ppm EDJ)	Temps de vieillissement (jours)		
		0	8	45
Diffraction de RX	*0*	Cu (s) $Cu_{39}S_{29}$	Cu (s) $Cu_{39}S_{29}$	Cu (s) $Cu_{39}S_{29}$
	100		Cu (s) Cu_2O	Cu (s) Cu_2O
Spectroscopie Raman	*0*		Cu_2O	Cu_2O
	100		Cu_2O	CuO Cu_2O

Tableau 25 : Espèces identifiées par diffraction de rayons X et par
spectroscopie Raman sur les échantillons de cuivre vieillis en conditions
statiques.

La diffraction des rayons X n'a pas permis de détecter des produits de
corrosion sur le cuivre vieilli avec la solution à 0 ppm EDJ alors que, la

spectroscopie Raman met en évidence la présence de la cuprite (Cu_2O) sur les échantillons vieillis avec la solution à 0 ppm EDJ.

La diffraction des rayons X et la spectroscopie Raman signalent toutes les deux la présence de cuprite sur les échantillons vieillis avec la solution à 100 ppm EDJ. De plus, la spectroscopie Raman a permis la détection de ténorite (CuO) sur l'échantillon vieilli 45 jours à 100 ppm EDJ tandis que la ténorite n'apparaît pas en diffraction des rayons X.

Il y a donc des produits de corrosion qui ont été détectés par spectroscopie Raman, mais, qui ne l'ont pas été par diffraction des rayons X. Une mauvaise cristallisation des produits de corrosion ou une épaisseur trop faible de la couche de produits de corrosion pourraient expliquer ceci. La cuprite est observée sur les échantillons vieillis avec la solution à 0 ppm EDJ seulement avec la spectroscopie Raman. Sur les échantillons vieillis à 100 ppm EDJ, elle est observable par diffraction des rayons X et par spectroscopie Raman. Il est possible que l'épaisseur faible de la couche oxydée des échantillons vieillis à 0 ppm EDJ limite sa détection par diffraction des rayons X en mode symétrique. Ceci corrobore que la couche de produits de corrosion formée sur l'échantillon témoin est plus mince que celle formée sur l'échantillon vieilli à 100 ppm EDJ, confirmant l'observation macroscopique. En revanche, la ténorite n'est pas observée en diffraction des rayons X. Donc, il est difficile de dire, avec certitude, si son absence est due à une mauvaise cristallisation ou à une faible épaisseur.

D'après la littérature, la malachite ($Cu_2CO_3(OH)_2$, est le produit de corrosion le plus stable à température ambiante [15]. Cependant, dans nos conditions d'essais et pour les durées de vieillissement testées, ce composé n'est pas apparu. Cela est probablement dû à la température de nos essais, puisque l'oxyde de cuivre est plus stable que le carbonate à 70°C [15]. Cependant, il est aussi possible que le temps de vieillissement ne soit pas assez long ; en effet, dans les travaux de Merkel [126], réalisés selon la norme DIN 50931 en utilisant de l'eau de pH=7,2 à température ambiante, la malachite ne commence à se former qu'à partir de 45 jours de vieillissement. Une dernière possibilité, pourrait être que les conditions d'essais ne soient pas favorables à la formation de ce composé. La formation de malachite a besoin de très fortes concentrations d'ions carbonate et bicarbonate [67]. Par ailleurs, les travaux, dans lesquels la malachite a été formée, ont des concentrations en ions carbonate et bicarbonate au moins trois fois supérieures à celles utilisées dans cette étude (13° Français) [69, 126].

Précédemment, l'analyse morphologie des faciès de dégradation a permis de conclure que l'addition du désinfectant produit une amplification de la cinétique de dégradation. La présence de ténorite sur l'échantillon vieilli 45 jours à 100 ppm EDJ confirme cette accélération de la cinétique de corrosion. En effet, d'après la littérature [66-71], la ténorite est un produit de corrosion du cuivre avec le cuivre à l'état d'oxydation +2, qui dénote un état de corrosion plus avancé.

4.1.3 CONCLUSION SUR LES ESSAIS DE VIEILLISSEMENT DU CUIVRE EN CONDITIONS STATIQUES

Des échantillons de cuivre ont été vieillis à 70°C pendant 45 jours en conditions statiques avec une chloration de 100 ppm EDJ ou sans ajout de désinfectant. Les différentes observations et analyses ont permis de mettre en évidence la séquence d'oxydation du cuivre dans nos conditions d'essais (Figure 31) :

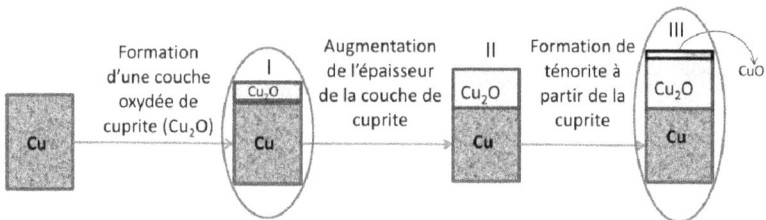

Figure 31 : Séquence d'oxydation du cuivre pour les essais réalisés en conditions de stagnation.

I.   dans le premier stade, une couche mince de cuprite (Cu$^+$), oxyde de cuivre avec le cuivre en état d'oxydation +1, recouvrant la totalité de la surface se forme assez rapidement (en moins de 8 jours) ;

II. ensuite, l'épaisseur de cette couche mince de cuprite augmente ;

III.   finalement, une mince couche de ténorite (Cu^{2+}), se forme à partir de la cuprite. En effet, la ténorite indique un état plus avancé de la corrosion du cuivre et cette séquence est conforme à celle décrite dans la littérature **[15, 67, 69, 70, 126]**.

Concernant l'échantillon témoin (0 ppm EDJ), après 45 jours de vieillissement, la couche de produits de corrosion formée correspondrait à celle formée après l'étape "I" (mince couche de cuprite). Sur l'échantillon vieilli à 100 ppm EDJ, la couche de produits de corrosion formée après 45 jours de vieillissement, correspondrait à celle formée après la dernière étape "III" (couches formées de ténorite et de cuprite).

L'ajout de désinfectant est à l'origine des différences d'épaisseur et de composition sur les couches de produits de corrosion formées. Mais, la différence de pH entre les deux milieux devrait également être considérée, notamment car elle pourrait contribuer à cette différence d'épaisseur du fait que "la vitesse de formation de Cu_2O augmente quand le pH augmente" **[126]**.

Le mécanisme de corrosion ne semble pas être modifié par le désinfectant (mêmes produits de corrosion). Par conséquent, l'addition du désinfectant pourrait accélérer la cinétique de corrosion. Cette accélération pourrait s'expliquer simplement, en prenant en compte que des oxydants supplémentaires ont été rajoutés à la solution. En effet, concernant le témoin (0 ppm EDJ), l'oxygène sera le seul oxydant présent, et il va oxyder le cuivre d'après la réaction globale suivante **[127]**:

$$2Cu + 2H_2O + O_2 \rightarrow 2Cu^{2+} + 4OH^-$$ Équation 13

La solution contenant le désinfectant, comprend aussi l'oxygène, donc la réaction associée à l'équation 13 continue à avoir lieu. Par ailleurs, l'ajout du désinfectant amène d'autres espèces oxydantes **[15]**. Ainsi, à pH=9,3, l'espèce majoritaire issue du désinfectant est l'ion hypochlorite qui peut alors interagir avec le cuivre selon l'équation 14 :

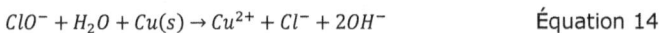

$$ClO^- + H_2O + Cu(s) \rightarrow Cu^{2+} + Cl^- + 2OH^-$$ Équation 14

De plus, lors du chapitre précédent, il a été montré que l'ion hypochlorite était susceptible de se décomposer à une température de 70°C en ion chlorate. Bien que cette décomposition soit lente, la présence de chlorate pourrait aussi intervenir dans la dégradation du cuivre selon l'équation 15 :

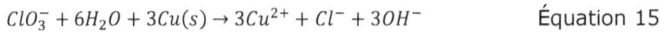

$$ClO_3^- + 6H_2O + 3Cu(s) \rightarrow 3Cu^{2+} + Cl^- + 3OH^-$$ Équation 15

Néanmoins, d'après les résultats du chapitre 3, ce mécanisme parait peu probable en essai statique, compte tenu de la faible concentration en chlorate évaluée après 24 heures de vieillissement et du renouvellement régulier des solutions en essai statique.

Les produits de corrosion analysés vont se former à partir d'une recombinaison des ions du cuivre selon les équations 16, 17 et 18.

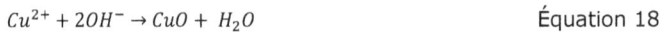

$$Cu(s) + Cu^{2+} \leftrightarrow 2Cu^+$$ Équation 16

$$2Cu^+ + 2OH^- \rightarrow Cu_2O\ (s) + H_2O$$ Équation 17

$$Cu^{2+} + 2OH^- \rightarrow CuO + H_2O$$ Équation 18

En conclusion, les essais en conditions de stagnation réalisés sur le cuivre ont montré un mode de corrosion généralisé et ils ont permis de déceler la séquence d'oxydation de ce métal dans les conditions testées. L'état d'oxydation du cuivre dans les produits de corrosion formés a été identifié comme indicateur de l'état d'avancement de la dégradation sur ce matériau. En effet, le cuivre en état d'oxydation +1 est représentatif d'un début de dégradation tandis que le cuivre en état d'oxydation +2 est représentatif d'une dégradation plus avancée.

4.2 VIEILLISSEMENT DE L'ACIER GALVANISE EN STAGNATION

Les tubes d'acier galvanisé remplis de solution ont été vieillis à 70°C pendant 45 jours. Deux concentrations de désinfectant ont été testées, 0 et 100 ppm EDJ, sans ajuster le pH. Par conséquent, la solution chlorée avait un pH plus élevé (pH=9,3) que celle sans désinfectant (pH=8). Comme pour le cuivre, le tableau 22, récapitule les paramètres les plus importants des solutions de conditionnement des échantillons en acier galvanisé.

La caractérisation du vieillissement de l'acier galvanisé, comprend l'identification du mode de corrosion, l'étude à différentes échelles de la

morphologie des produits de corrosion formés et l'identification de la nature
de ces produits de corrosion. A la fin de cette partie, une conclusion prenant
en compte la globalité de résultats obtenus par les différentes techniques de
caractérisation est proposée.

4.2.1 MORPHOLOGIE DES FACIES DE DEGRADATION LORS DU VIEILLISSEMENT EN CONDITIONS STATIQUES

Le tableau 26 permet de comparer les observations macroscopiques d'un
échantillon d'acier galvanisé non vieilli avec des échantillons d'acier
galvanisé vieillis 8 et 45 jours remplis des solutions testées.

[Cl$_2$] (ppm)	Temps de vieillissement (jours)		
	0	8	45
0			
100			

Tableau 26 : Essais de vieillissement de l'acier galvanisé en conditions
statiques réalisés avec des solutions contenant 0 et 100 ppm EDJ.

Les échantillons vieillis 8 jours avec 0 ppm ou 100 ppm EDJ ne sont pas très
corrodés. En effet, l'aspect de la surface des échantillons vieillis 8 jours ne
diffère pas beaucoup de celui d'un échantillon non vieilli.

Contrairement aux échantillons vieillis 8 jours, les échantillons vieillis 45
jours sont plus corrodés. Deux zones différentes sont observées sur la
surface des échantillons vieillis 45 jours à 0 et 100 ppm EDJ. Une zone plus
ou moins recouverte de pustules et une zone avec des produits de corrosion
blanchâtres.

Les pustules observées sur l'échantillon vieilli à 100 ppm EDJ ont une taille légèrement plus grande que celles de l'échantillon vieilli à 0 ppm EDJ. La densité des pustules par unité de surface sur l'échantillon vieilli à 0 ppm EDJ ne représente que 75% de la densité de pustules par unité de surface sur l'échantillon vieilli à 100 ppm EDJ.

La zone où se trouvent les pustules n'est probablement pas représentative de la corrosivité de l'eau par rapport au matériau. En effet, cette zone correspond à la partie haute de l'échantillon. A cause de l'évaporation, cette partie ne restait pas immergée tout le temps entre les changements de solution successifs. Par conséquent, un phénomène d'aération différentielle pourrait avoir provoqué la formation de ces pustules qui ne sont pas observées sur la partie qui est restée continuellement en immersion pendant l'essai. Les pustules, plus importantes en taille et nombre sur l'échantillon vieilli à 100 ppm EDJ, indiquent que la solution chlorée est plus corrosive par rapport à l'acier galvanisé.

Des différences sont aussi observées sur la zone blanchâtre entre l'échantillon vieilli à 100 ppm EDJ et celui vieilli à 0 ppm EDJ. L'échantillon vieilli à 100 ppm EDJ présente une couche d'oxyde homogène de couleur blanche/crème. Cependant, la couche d'oxyde présente sur l'échantillon vieilli à 0 ppm EDJ n'est pas homogène, environ 20% de la surface semble non corrodée. En effet, cette partie des échantillons montre une corrosion plus avancée sur les échantillons vieillis en contact avec la solution chlorée.

En conclusion, au niveau macroscopique, la solution chlorée paraît plus corrosive que celle non chlorée face à l'acier galvanisé.

Afin d'observer la microstructure des produits de corrosion formés, un échantillon vieilli 8 jours à 100 ppm EDJ a été observé au microscope électronique à balayage (MEB), et des analyses EDS ont été réalisées sur ce même échantillon (figure 32).

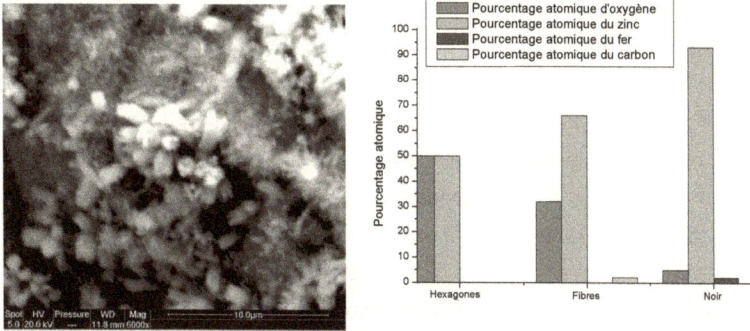

Figure 32 : Image MEB et analyses EDS correspondants à un échantillon
d'acier galvanisé vieilli 8 jours à 100 ppm EDJ.

Trois structures différentes sont observables sur l'image MEB : une
première, blanche, de forme géométrique hexagonale caractéristique des
oxydes de zinc. Une deuxième, aussi blanche et en forme de fibres, qui
pourrait correspondre au début de la formation de l'oxyde de zinc. Enfin une
dernière, noire, qui correspond, sans doute, au substrat du zinc. En effet,
les analyses EDS, qui montrent les pourcentages des éléments présents sur
chacune des trois zones différentes viennent appuyer les dernières
affirmations. Les pourcentages des éléments trouvés sur les hexagones,
coïncident avec la stœchiométrie de l'oxyde de zinc (ZnO). Sur les fibres,
l'oxygène est aussi retrouvé mais dans une quantité moins importante que
sur les hexagones. Par rapport à la zone noire, l'élément prédominant est
clairement le zinc, par conséquent, cette zone-là, correspond bien au
substrat du zinc qui n'a pas encore été attaqué.

L'identification des produits de corrosion est présentée par la suite.

4.2.2 IDENTIFICATION DES PRODUITS DE CORROSION SUR L'ACIER GALVANISE

Comme il a été vu précédemment, dû à un phénomène de corrosion par aération différentielle, une partie de la surface des échantillons d'acier galvanisé, a été sujette à une corrosion de type localisé. L'oxyde de zinc répond très bien en diffraction des rayons X. C'est pourquoi, l'intensité trop importante des pics correspondants à l'oxyde de zinc minimise l'identification des raies de diffraction des autres produits de corrosion éventuellement présents (figure 33). La présence des autres espèces peut être effectivement détectée comme l'indique la figure 33.

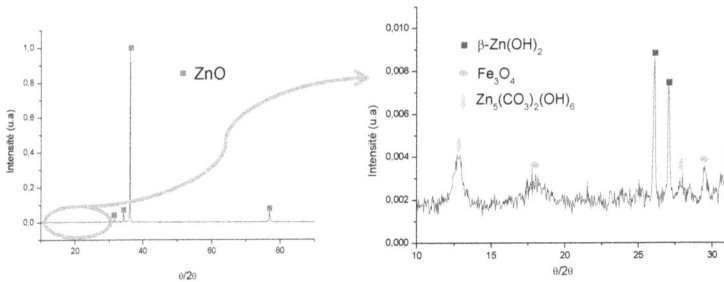

Figure 33 : Diffractogramme X d'un échantillon d'acier galvanisé vieilli à 70°C et 0 ppm EDJ.

La spectroscopie Raman, étant une technique de caractérisation locale, est bien adaptée pour la caractérisation des produits de corrosion présents sur cette surface hétérogène. Sur la figure 34, nous observons les différences entre un spectre Raman pris sur la zone présentant une corrosion uniforme et un autre pris sur une pustule. Les bandes ont été identifiées à l'aide des travaux de la littérature [125, 128-134].

Chapitre 4 : Vieillissement en
conditions statiques

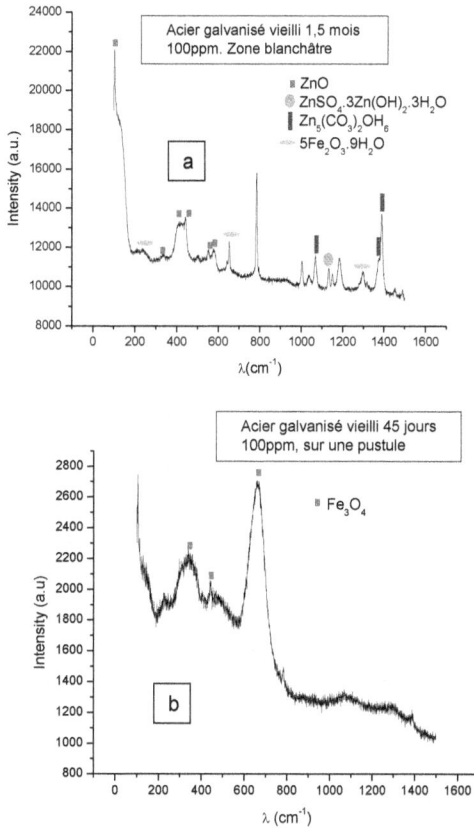

Figure 34 : Spectre Raman sur la zone blanchâtre de l'acier galvanisé vieilli
45 jours à 100 ppm EDJ (a). Spectre Raman sur une pustule de l'acier
galvanisé vieilli 45 jours à 100 ppm EDJ (b).

Le tableau 27 récapitule les produits de corrosion observés sur la surface
des échantillons d'acier galvanisé vieillis en stagnation (les zones avec et
sans pustules ont été analysées).

Technique	[Cl_2]	Temps de vieillissement (jours)		
		0	8	45
Diffraction de RX	0	Zn (s) ZnO	Zn (s) ZnO	ZnO β-Zn(OH)$_2$ Fe$_3$O$_4$ Zn$_5$(CO$_3$)$_2$(OH)$_6$
	100		Zn (s) ZnO	ZnO β-Zn(OH)$_2$ Fe$_3$O$_4$
Spectroscopie Raman	0	Les échantillons non vieillis, vieillis 8 jours à 100 ppm EDJ et 8 et 45 jours à 0 ppm EDJ n'ont pas pu être observés avec la spectroscopie Raman, en raison de la faible épaisseur des produits de corrosion, conduisant à des problèmes de fluorescence.		
	100			ZnSO$_4$.3Zn(OH)$_2$3H$_2$O Fe$_3$O$_4$ 5Fe$_2$O$_3$ 9H$_2$O Zn$_5$(CO$_3$)$_2$OH$_6$ ZnO

Tableau 27 : Tableau récapitulatif sur des produits de corrosion identifiés
par spectroscopie Raman et diffraction de rayons X.

L'oxyde de zinc (ZnO) est le produit de corrosion majoritaire sur la surface
de tous les échantillons. Il est déjà présent sur l'échantillon neuf,
cependant, son origine ne peut être due à la corrosion atmosphérique
pendant le stockage de la canalisation avant son utilisation, car même si le
zinc s'oxyde très rapidement en contact avec l'air, la couche d'oxyde formée
ne sera pas assez épaisse pour être détectée avec la diffraction de rayons
X. Néanmoins, pendant la fabrication, la galvanisation est un procédé qui se
déroule à des températures très élevées (environ 450°C). Par conséquent,
l'oxyde de zinc, trouvé sur l'échantillon avant vieillissement, pourrait
provenir du procédé de galvanisation à chaud.

Après 45 jours de vieillissement, d'autres produits de corrosion du zinc
apparaissent, notamment des hydroxy-carbonates et sulfates de zinc. Par
ailleurs, les pustules correspondent à des produits de corrosion du fer. Le
produit de corrosion marron observé sur les pustules correspond à la
magnétite (Fe$_3$O$_4$). Des produits de corrosion du fer, correspondant à la
ferrhydrite ont été également observés sur les zones blanchâtres.

Très peu de différences sont observées concernant la nature des produits de corrosion formés pour les deux conditions de vieillissement étudiées (0 et 100 ppm EDJ). Donc, les mécanismes de dégradation ne semblent pas être altérés par l'addition du désinfectant.

Quelle que soit la durée de vieillissement, la couche de produits de corrosion n'est pas assez épaisse sur les échantillons vieillis à 0 ppm, alors que seule la condition de vieillissement à 8 jours sous 100 ppm de désinfectant présente les mêmes caractéristiques. Ainsi, la faible épaisseur de la couche de produits de corrosion induit des difficultés d'analyse par spectroscopie Raman. Ceci paraît indiquer que la cinétique de formation de produits de corrosion a été accélérée par l'ajout du désinfectant.

En conclusion, le produit majoritaire formé, après 45 jours de vieillissement, sur la partie des échantillons qui présente une corrosion uniforme, est l'oxyde de zinc ZnO. Cependant, l'hydroxyde du zinc $Zn(OH)_2$ et l'hydrozincite $Zn_5(CO_3)_2(OH)_6$ commencent à apparaître. L'hydroxyde de zinc et l'hydrozincite sont des produits de corrosion qui apparaissent dans la première étape de la séquence d'oxydation de l'acier galvanisé **[36, 43-46]**. Ceci indique qu'une durée de vieillissement de 45 jours dans les conditions testées est suffisante pour déclencher la séquence de corrosion attendue pour l'acier galvanisé.

4.2.3 Conclusion sur les essais de vieillissement de l'acier galvanise en conditions statiques

Les modes de dégradation semblent être les mêmes pour les échantillons vieillis avec et sans désinfectant. En revanche, la corrosion paraît plus sévère sur l'échantillon vieilli avec la solution à 100 ppm EDJ.

Concernant la partie des échantillons présentant une corrosion uniforme, la vitesse de corrosion du zinc devrait être plus lente à pH 9,3 (solution chlorée) qu'à pH 8 (solution témoin) **[14]**. Cependant, ce n'est pas le cas. En effet, l'épaisseur des produits de corrosion semble plus importante sur les échantillons vieillis à 100 ppm EDJ, ce qui correspond à un état de corrosion plus avancé. Par conséquent, l'addition du désinfectant paraît être pénalisante par rapport à la vitesse de corrosion uniforme du zinc.

Par rapport à la partie des échantillons présentant une corrosion localisée, les pustules observées sur l'échantillon vieilli à 100 ppm EDJ ont une taille légèrement plus grande que celles de l'échantillon vieilli à 0 ppm EDJ. En plus, le nombre de pustules est aussi plus élevé sur les échantillons vieillis à 100 ppm EDJ. Par conséquent, la corrosion localisée paraît aussi être accentuée par l'addition de désinfectant.

Comme pour le cuivre, l'accélération de la corrosion provoquée par l'addition du désinfectant peut s'expliquer par le fait que le désinfectant va rajouter des espèces oxydantes dans la solution. En effet, concernant le témoin (0 ppm EDJ), l'oxygène sera le seul oxydant présent, et va oxyder le zinc d'après la réaction globale suivante [127] :

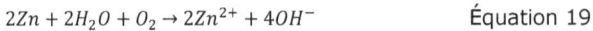

$$2Zn + 2H_2O + O_2 \rightarrow 2Zn^{2+} + 4OH^-$$ Équation 19

La solution avec le désinfectant contient aussi l'oxygène, donc la réaction de l'équation 19 se poursuit. Mais, d'autres espèces oxydantes sont présentes après ajout du désinfectant rendant possible les réactions décrites selon les équations 20 et 21.

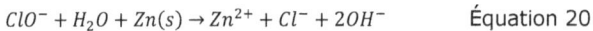

$$ClO^- + H_2O + Zn(s) \rightarrow Zn^{2+} + Cl^- + 2OH^-$$ Équation 20

$$ClO_3^- + 3H_2O + 3Zn(s) \rightarrow 3Zn^{2+} + Cl^- + 6OH^-$$ Équation 21

Il faut souligner que la contribution du mécanisme suivant l'équation 21 sera faible dans nos conditions expérimentales compte tenu des cinétiques lentes de décomposition des ions hypochlorites en ions chlorates dans les solutions à 70°C. Les résultats de cette étude montrent que le meilleur indicateur d'un vieillissement pénalisant, capable de produire la défaillance prématurée d'une canalisation en acier galvanisé, est l'apparition des pustules correspondant à une dégradation du substrat. En effet ces pustules, composées de la magnétite qui est un oxyde de fer, mettent en évidence que la couche de galvanisation a perdu son caractère protecteur.

4.3 VIEILLISSEMENT DU PVCc EN STAGNATION

Des échantillons de PVCc ont été vieillis en contact avec des solutions d'hypochlorite de sodium à des concentrations de 25, 50 et 100 ppm EDJ. En plus, des échantillons de PVCc remplis de solution d'eau du réseau de Nantes chlorée à 100 et 1000 ppm EDJ ont aussi été mis à vieillir. Enfin, un « témoin » a vieilli rempli de l'eau du réseau de Nantes. Les essais se sont déroulés pendant 135 jours et à une température constante de 70°C.

Après vieillissement, l'évolution de l'aspect macroscopique de la surface des échantillons a été évaluée. Des méthodes d'analyse ont été utilisées afin de détecter d'éventuels changements dans les transitions thermiques, notamment, sur la transition vitreuse. La variation de masse a aussi été suivie afin de quantifier l'eau absorbée. Les échantillons ont aussi été analysés par spectroscopie infrarouge afin de déceler l'apparition de produits d'oxydation. Finalement, des essais de traction ont été réalisés sur des échantillons vieillis afin de détecter des changements dans les propriétés mécaniques.

4.3.1 OBSERVATIONS MACROSCOPIQUES DES ECHANTILLONS DE PVCc VIEILLIS EN STAGNATION

Dès les premiers jours de vieillissement une évolution de la couleur des échantillons est observée. En effet, une décoloration et une perte de la brillance sont observées. Néanmoins, cette évolution est très difficilement quantifiable dû à la géométrie des échantillons (surface courbe).
L'évolution de la couleur ne dépend pas de la concentration en espèces oxydantes dans le milieu et après 3 mois de vieillissement, l'évolution de la couleur est moindre.
Cette décoloration est indicative d'une oxydation superficielle du PVCc, comme cela a été reporté dans la littérature **[77, 135-138]**. En effet, la décoloration est probablement le résultat de l'oxydation des doubles liaisons créées pendant la fabrication du matériau à cause des températures élevées utilisées lors de l'extrusion des tubes (~ 180°C **[139]**). Ceci expliquerait le fait, qu'à partir de 3 mois de vieillissement la couleur n'évolue plus, une fois que toutes les doubles liaisons présentes ont été oxydées.

4.3.2 VARIATION DE MASSE DU PVCc LORS DES ESSAIS EN STAGNATION

La masse des échantillons de PVCc vieillis a été mesurée avec une balance de précision (10^{-5} g) afin de détecter une éventuelle absorption d'eau. En effet, la littérature reporte que l'absorption d'eau peut atteindre des niveaux étonnamment élevés (>2%) pour les PVCc soumis à des températures élevées (>60°C) **[83, 85]**. La masse des échantillons était mesurée avant vieillissement. Ensuite, après vieillissement, la masse des échantillons était à nouveau mesurée, après 1 heure de séchage à l'air puis après 24 heures de séchage au dessiccateur (le séchage au dessiccateur peut induire la libération des molécules d'eau non liées au polymère). Aucune différence n'a été relevée entre ces deux protocoles de mesure. Par conséquent, les résultats exposés montrent la prise de masse après un séchage pendant 24 heures au dessiccateur.

La variation de masse d'un échantillon de PVCc en contact avec une solution d'eau ultra-pure chlorée à 100 ppm EDJ a été suivie en fonction du temps avec une fréquence élevée (configuration de vieillissement en immersion). Les résultats issus de cette expérience sont présentés sur la figure 35.

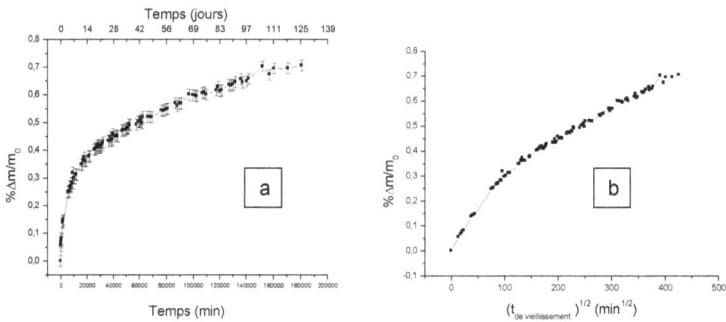

Figure 35 : Prise de masse du PVCc vieilli à 100 ppm EDJ en fonction du temps de vieillissement (a) et en fonction de la racine carrée du temps de vieillissement (b).

L'absorption d'eau, d'environ 0,7% en masse après 135 jours de vieillissement est supérieure à celle attendue pour un polymère supposé hydrophobe ($\sim$ 0,5%). La courbe traduisant l'évolution de la prise en eau en fonction de la racine carrée du temps (figure 35b) révèle un comportement non Fickien. Il est à noter l'absence d'équilibre ; en effet, après 135 jours de vieillissement, le matériau continue à absorber de l'eau à une vitesse quasi constante.

Sur la figure 36, les prises de masse des échantillons vieillis avec une solution préparée avec l'eau de réseau de Nantes (0, 100 et 1000 ppm EDJ) sont présentées (configuration de vieillissement en remplissage).

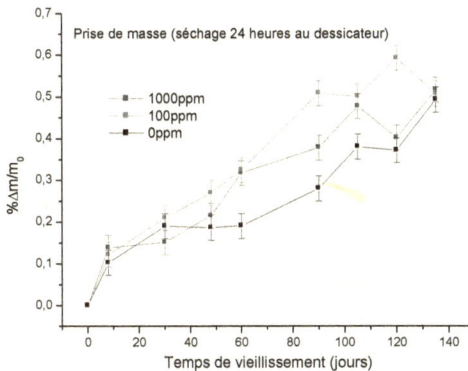

Figure 36 : Prise de masse du PVCc en fonction du temps de vieillissement pour les concentrations 0, 100 et 1000ppm.

La courbe de prise de masse des échantillons vieillis en contact avec l'eau de Nantes montre un comportement semblable à celui déjà observé avec l'eau ultra-pure. La prise de masse significative reste cependant faible (<1%) quelle que soit la condition ou la configuration de vieillissement. De plus, la concentration de désinfectant ne paraît pas avoir d'influence sur la prise de masse. Enfin, les courbes n'ont pas une allure Fickienne et le palier de saturation n'est pas encore atteint après 135 jours d'exposition.

Dans les travaux de Munier et Barthelemy [83, 85], la prise de masse sur le PVCc a été identifiée comme un indicateur de vieillissement. En effet, des prises de masse anormalement élevées, compte tenu de la nature hydrophobe du PVCc [83, 84], ont été observées (>2% après 135 jours de vieillissement à 80°C). Ces auteurs ont expliqué cette prise de masse inattendue par le biais d'un phénomène de cavitation consistant à la création de microcavités qui augmentent la capacité de sorption du PVCc. Dans les résultats présentés ici, même si la prise de masse n'est pas négligeable, elle reste faible (<1% après 135 jours de vieillissement). Par conséquent, dans les conditions testées, nous pouvons écarter la dégradation par cavitation sur le PVCc.

Cependant, il reste possible que l'absorption d'eau observée joue le rôle d'un plastifiant pour le PVCc, et change la valeur de la température de transition vitreuse de ce matériau. L'évolution de la température de transition vitreuse est présentée par la suite.

4.3.3 EVOLUTION DE LA TEMPERATURE DE TRANSITION VITREUSE DU PVCC LORS LES ESSAIS EN STAGNATION

Des variations de T_g peuvent être indicatrices d'une dégradation du matériau [140-143]. En effet, la valeur de la T_g augmente s'il y a une augmentation de la masse molaire ou une réticulation, une éventuelle absorption d'eau déplacera la valeur de la T_g vers les plus basses températures, et une modification chimique peut faire varier la hauteur du palier et la largeur de la transition vitreuse [140-143]. Afin de détecter des éventuelles variations, nous avons donc suivi la valeur de T_g, et "la hauteur du palier" correspondant à l'énergie dissipée pendant la transition vitreuse des échantillons vieillis remplis des solutions à 0, 100 et 1000 ppm EDJ (solutions préparées avec de l'eau du réseau de Nantes). Les résultats du suivi de la T_g et de la hauteur du palier de la transition vitreuse en fonction du temps de vieillissement pour les trois concentrations testées sont respectivement présentés sur la figure 37. Les barres d'erreur correspondent à l'écart type par rapport à une moyenne d'au moins trois mesures.

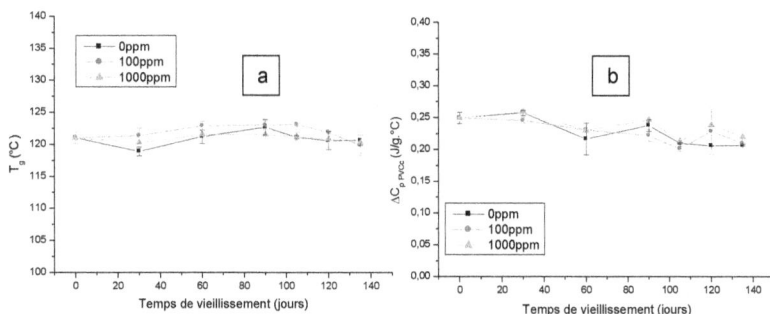

Figure 37 : Evolution de la T_g (a) et de la hauteur du palier de la transition
vitreuse (b) du PVCc en fonction du temps de vieillissement pour 0, 100 et
1000 ppm EDJ.

Après 135 jours de vieillissement, aucun changement significatif n'est
observé ni sur la valeur de Tg ni sur la hauteur du palier de la température
de transition vitreuse du PVCc vieilli.

Malgré le changement de la couleur de la surface du PVCc et l'absorption
d'eau non négligeable lors du vieillissement, la température de transition
vitreuse reste constante ce qui suggère l'absence de dégradation notable
sur les échantillons du PVCc. Ceci peut être dû : soit à l'épaisseur des
échantillons testés (~0,2 mm) qui est trop importante, et qui masque ainsi
la réponse d'une éventuelle couche superficielle très mince du PVCc
dégradée, soit à la température de transition vitreuse qui n'est pas un
indicateur de vieillissement assez sensible pour la détection de la
dégradation du PVCc.

La spectroscopie infrarouge, utilisée en mode ATR, est une technique avec
une profondeur d'analyse très faible (~ μm). Ceci permet l'analyse de la
surface en contact direct avec l'eau et par conséquent, de détecter la
dégradation du PVCc, si cette dégradation est confinée dans une épaisseur
faible.

4.3.4 ETUDE DE L'EVOLUTION DES SPECTRES INFRAROUGES DU PVCC LORS DU VIEILLISSEMENT EN STATIQUE

Après vieillissement, tous les échantillons du PVCc ont été analysés par spectroscopie infrarouge afin de détecter l'apparition des produits d'oxydation sur la surface du polymère. Les spectres issus de cette analyse ont été comparés à celui d'un échantillon de PVCc non vieilli.

Le tableau 28 présente les bandes de vibrations identifiées sur les spectres du PVCc **[144, 145]**.

Vibration	Nombre d'onde (cm^{-1})	Type de vibration
OH	3300	Déformation
CH_2	2925	Déformation
C-H	2911	Elongation
C=O	1734	
CH_2	1335	Déformation
CH	1250	Balancement
CH	970	Agitation
-O-O- ou $C=CH_2$	875	
C-Cl	840	Elongation
CH	605	Agitation

Tableau 28 : Bandes de vibration identifiées sur le PVCc **[144, 145]**.

Les spectres infrarouges des échantillons de PVCc vieillis en stagnation révèlent quelque changement au cours du vieillissement. Notamment, deux bandes vont présenter une nette évolution :

➢ celle centrée à 875 cm^{-1} correspondant à la liaison $C=CH_2$ caractéristique du groupement vinylidène **[146-148]**. D'autres auteurs ont identifié cette bande comme correspondant à la liaison v(-O-O-) **[149]** qui serait présente dans des additifs du PVCc ;

➢ celle centrée à 3300 cm^{-1} correspondant à la liaison OH **[148, 150]**.

Les spectres présentés sur les figure 38a et figure 38b montrent l'évolution de la bande centrée à 875 cm^{-1} au cours du vieillissement pour les échantillons remplis avec des solutions préparées avec l'eau du réseau de Nantes (« a » solution chlorée à 100 ppm EDJ, et « b » solution témoin 0 ppm EDJ).

Chapitre 4 : Vieillissement en
conditions statiques

L'évolution de cette bande pour les échantillons vieillis à 100 ppm EDJ en contact avec les solutions préparées en utilisant l'eau ultra-pure (configuration de vieillissement en immersion) est présentée sur la figure 39.

En normalisant avec le pic situé à 2922 cm^{-1} correspondant à la liaison C-H qui est sensée évoluer très peu au cours du vieillissement [151, 152], un index adimensionnel peut être calculé et va nous permettre de comparer les spectres des différents échantillons. L'index correspondant à la bande centrée à 875cm^{-1} est présenté sur la figure 39.

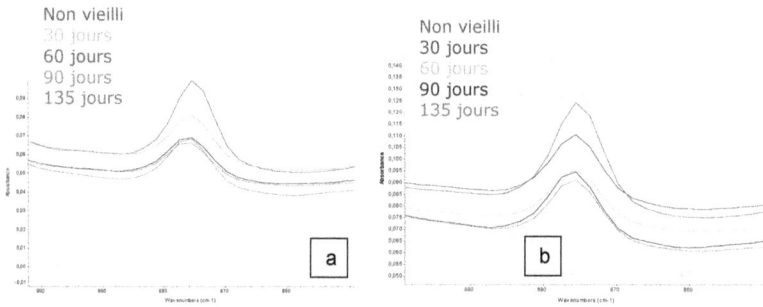

Figure 38 : Evolution de la bande infrarouge centrée à 875 cm^{-1} pour les solutions préparées avec l'eau du réseau de Nantes. Echantillons vieillis avec la solution chlorée à 100 ppm EDJ (a). Echantillons vieillis avec la solution témoin 0 ppm EDJ (b).

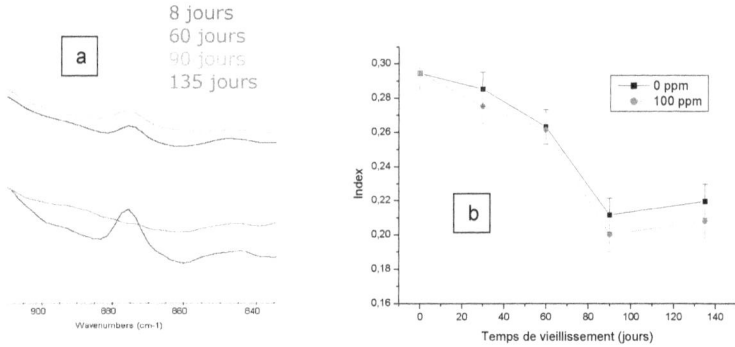

Figure 39 : Evolution de la bande infrarouge centrée à 875 cm^{-1} pour la
solution à 100 ppm EDJ préparée avec l'eau ultra-pure (a) et index
correspondant à l'évolution du pic à 875 cm^{-1} (b).

La bande à 875 cm^{-1} des échantillons vieillis, avec de l'eau du réseau de
Nantes et avec de l'eau ultra-pure, diminue pendant les premiers mois de
vieillissement pour, ensuite, se stabiliser. La bande centrée à 875 cm^{-1} est
probablement associée à la liaison C=CH$_2$, les résultats pourraient expliquer
la décoloration observée lors du vieillissement. En effet, la décoloration a
été expliquée comme une oxydation des doubles liaisons créées lors de la
fabrication de la canalisation. La bande à 875 cm^{-1} serait révélatrice de ces
doubles liaisons, par conséquent, la diminution de son intensité au cours
des premiers mois de vieillissement pourrait être corrélée avec la
décoloration de la surface de l'échantillon. Puis, à partir d'un certain temps
(90 jours), l'évolution de la bande centrée à 875 cm^{-1} n'est plus
significative. En effet, à partir de 3 mois de vieillissement, l'évolution de la
couleur de la surface des échantillons n'est plus significative.

Par contre, d'après la littérature, il est aussi reporté que la bande centrée à
875 cm^{-1} pourrait être associée à la liaison v(-O-O-) présente dans des
additifs du PVCc. La diminution de son intensité pourrait alors, s'expliquer
par une oxydation de la liaison avec le vieillissement. En effet, les oxydants
présents dans la solution vont provoquer une rupture du groupement –O-O-

. L'évolution de la bande, diminution puis stabilisation, pourrait donc, être corrélée, à une consommation des additifs **[149]**.

Les figure 40a et figure 40b présentent les spectres correspondants aux échantillons vieillis à partir d'une solution à 100 ppm EDJ préparée avec l'eau du réseau de Nantes et avec de l'eau ultra-pure respectivement. Une évolution de la bande à 3300 cm^{-1} attribuée aux groupements OH **[153-155]** est remarquable sur la surface des échantillons vieillis avec l'eau ultra-pure.

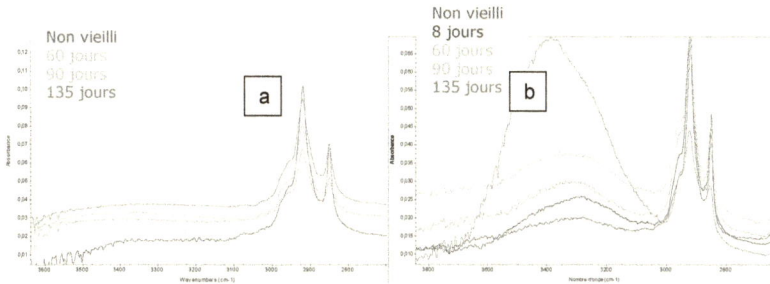

Figure 40 : Evolution de la bande infrarouge centrée à 3300 cm^{-1} pour les solutions à 100 ppm EDJ préparées avec l'eau du réseau de Nantes (a) et avec l'eau ultra-pure (b).

Sur les figures précédentes, ne sont présentés que les échantillons vieillis avec des solutions chlorées à 100 ppm EDJ car il n'y a pas des différences significatives entre les concentrations testées.

La bande des OH des échantillons vieillis en contact avec l'eau de Nantes n'évolue pas. En revanche, la bande des OH des échantillons vieillis en contact avec les solutions préparées avec l'eau ultra-pure subit une augmentation importante après 135 jours de vieillissement.

Un index normalisant les bandes des OH (échantillons vieillis en contact avec la solution préparée avec de l'eau ultra-pure) a été calculé. Celui-ci est présenté sur la figure 41.

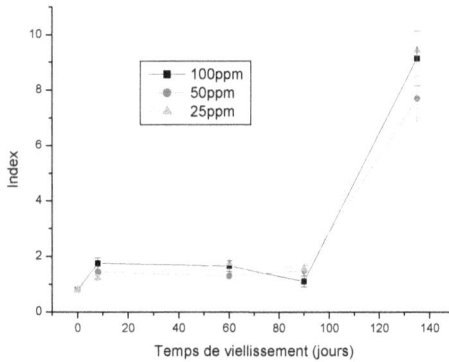

Figure 41 : Index correspondant à l'évolution de la bande centrée à 3300cm^{-1}.

L'index adimensionnel calculé sur la bande des OH montre une augmentation après 135 jours de vieillissement quelle que soit la concentration de désinfectant employée. Cependant, aucune différence significative n'a pu être observée sur l'évolution de l'index de la bande des OH entre les trois concentrations de désinfectant testées.

La bande des OH indicatrice d'une oxydation du polymère [83, 149] peut se confondre avec celle produite suite à une adsorption d'eau. Afin d'écarter la possibilité de l'eau adsorbée, un des échantillons de PVCc présentant une augmentation de la bande des OH a été conditionné dans une étuve à 100°C pendant une heure puis pendant 13 heures. Ce conditionnement n'a pas eu d'effet sur la bande des OH qui était toujours présente à la même intensité. Ceci permet d'écarter la possibilité de l'eau adsorbée ou absorbée sous forme libre, non liée au polymère. Dans le cas d'eau liée à la structure chimique du polymère, celle-ci ne partirait probablement pas à 100°C mais à des températures de 120°C-130°C. Ceci est peu probable compte tenu de la nature hydrophobe du PVCc. Une autre possibilité pourrait être un phénomène d'hydrolyse du PVCc. Cependant, si l'hydrolyse se produisait, elle devrait affecter des atomes de chlore labiles, selon la réaction :

Chapitre 4 : Vieillissement en
conditions statiques

$P - Cl + H_2O \rightarrow P - OH + HCl$; cependant, dans ce cas de figure, une perte de masse aurait dû être observée **[85]**. Il semble donc raisonnable d'écarter l'hypothèse selon laquelle l'eau adsorbée serait responsable de cette bande à 3300 cm^{-1}.

La bande large des OH est reconnue pour être un mélange d'hydroperoxyde (3430 cm^{-1}, 3370 cm^{-1}) et de groupements alcools (3600 cm^{-1}) **[153, 154, 156]**. La production des hydroperoxydes est généralement suivie par leur décomposition. Le rendement quantique de la décomposition d'hydropéroxyde est reconnu comme étant élevé. Leur décomposition peut mener à différents produits tels que les acides carboxyliques, alcools ou/et les cétones **[153]**. Compte tenu de l'instabilité des hydroperoxydes, après avoir stocké les échantillons pendant 11 mois dans une boite non-hermétique et à l'abri de la lumière, leur caractérisation en spectroscopie infrarouge a été refaite (figure 42). En effet, si les hydroperoxydes étaient à l'origine de cette bande, après 11 mois de stockage, la bande aurait dû disparaître et des bandes caractéristiques d'acides carboxyliques ou cétones auraient dû apparaître.

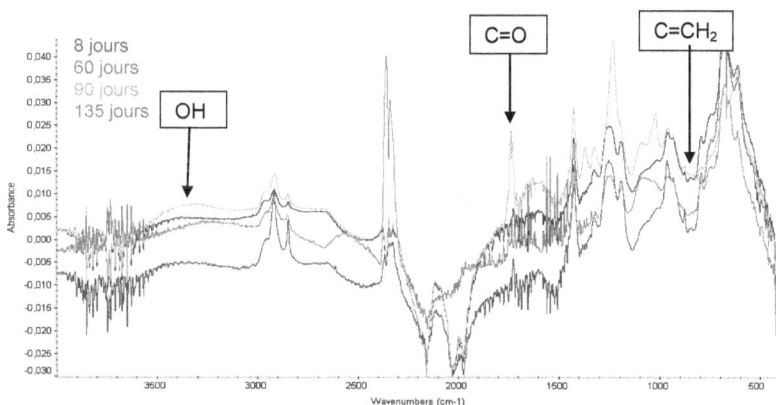

Figure 42 : Spectres infrarouges après 11 mois de stockage sur des échantillons vieillis à 100 ppm EDJ (solution préparée avec de l'eau ultra-pure).

Effectivement, la bande des OH a diminué, voire disparue, après stockage. Si la bande des OH correspondait à une oxydation de l'échantillon, son évolution pourrait se schématiser comme ce qui suit :

a. les liaisons doubles (celles déjà présentes dans le PVCc ou celles qui se sont formées par la dégradation thermique) vont s'oxyder donnant lieu à l'apparition du groupement OH. En effet, la diminution/disparition du pic situé à 875 cm^{-1}, correspondant probablement aux liaisons doubles (C=CH$_2$), coïncide avec l'augmentation du pic des OH ;

b. ensuite, il est normal d'observer une augmentation suivie d'une diminution (voire une disparition) de l'absorbance du groupement OH. En effet, le groupement OH, va s'oxyder donnant lieu à des groupements aldéhydes, carbonyles, etc. Les groupements carbonyles sont situés entre 1700 et 1750 cm^{-1} [148, 150, 154]. La bande à 1715-1713 cm^{-1} correspond à un mélange d'acides carboxyliques et de cétones pour certains auteurs [153], pour d'autres, elle représente uniquement les cétones, (les acides carboxyliques sortant vers 1700 cm^{-1} [154, 157]). La figure 43 montre l'index correspondant à l'évolution de la bande présente entre 1700 et 1750 cm^{-1} après stockage. Sur cette figure, un facteur de changement des aires des échantillons vieillis 135 jours est présenté, (rapport des aires des pics prises avant stockage sur celles prises après stockage). Un facteur de changement de l'aire égale à 1 n'implique pas d'évolution des pics étudiés pendant le stockage. Lorsque le facteur de changement d'aire s'éloigne de l'unité (augmente ou diminue), une évolution des pics est observée pendant le stockage.

Chapitre 4 : Vieillissement en
conditions statiques

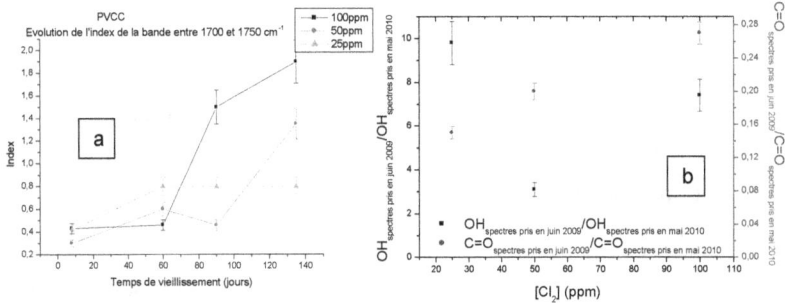

Figure 43 : Evolution de la bande présente entre 1700 et 1750 cm^{-1} après stockage (a). Facteur de changement des aires des échantillons vieillis 135 jours (rapport aire du pic des spectres avant stockage sur aire du pic des spectres après stockage (b)).

Les changements observés dans la bande caractéristique des groupements carbonyles ne suivent pas une relation linéaire avec la disparition de la bande des OH. Cependant, une légère augmentation de la bande située entre 1700 et 1750 cm^{-1} est observée coïncidant avec la disparition de la bande des OH. L'aspect quantitatif "disparition des OH, apparition des C=O" n'est pas direct. Par conséquent, il est probable que la bande des OH corresponde aux hydroperoxydes qui ensuite se sont oxydés.

En conclusion, la spectroscopie infrarouge a révélé de faibles changements au niveau chimique sur la surface du PVCc. Cependant, ces changements ne sont pas influencés par la teneur en désinfectant.

4.3.5 EVOLUTION DES PROPRIETES MECANIQUES DU PVCC LORS DES ESSAIS EN CONDITIONS DE STAGNATION

L'étape ultime du vieillissement d'un polymère est la fissuration : cependant, cet état arrive quand le vieillissement modifie les propriétés mécaniques du polymère. Les techniques de caractérisation employées ne montrent que de faibles indices de dégradation, notamment le changement de la couleur de la surface des échantillons ou l'évolution des spectres infrarouges lors du vieillissement. Ces dégradations ne semblent pas suffisantes pour fragiliser la canalisation : cependant, afin de vérifier cette hypothèse des essais de traction ont été réalisés.

Des éprouvettes de forme haltère, prélevées par emporte-pièce dans l'épaisseur d'un anneau de ~0,6 mm usiné à partir des tubes du PVCc vieillis, ont permis de réaliser ces essais de traction. Les essais de traction ont été réalisés sur des échantillons vieillis 120 jours à 0 et 100 ppm EDJ (solutions préparées avec de l'eau du réseau de Nantes) et sur un échantillon non vieilli.

Les grandeurs caractéristiques suivantes ont été relevées et sont présentées sur la figure 44 : la contrainte au seuil d'écoulement, la contrainte à la rupture, l'allongement à la rupture.

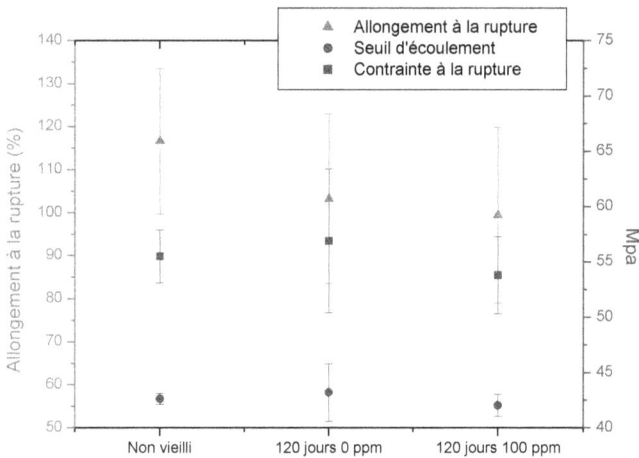

Figure 44 : Résultats des essais de traction sur les échantillons en PVCc non vieilli et vieillis pendant 120 jours à 0 et 100 ppm EDJ.

Au moins 13 éprouvettes haltères ont été testées pour chaque condition, les barres d'erreur correspondent à l'écart type par rapport à la moyenne de ces essais.

Aucun des paramètres analysés ne montre d'évolution significative (aux barres d'erreur près) après 120 jours de vieillissement.

Malgré le changement de la couleur de la surface des échantillons, les résultats des essais de traction ne montrent pas d'évolution significative des propriétés mécaniques sur le PVCc vieilli en stagnation 120 jours. Ceci confirme que la dégradation du PVCc après 120 jours de vieillissement dans les conditions employées ne fragilise pas la canalisation.

4.3.6 CONCLUSION SUR LES ESSAIS EN CONDITIONS STATIQUES REALISES SUR LE PVCc

Le PVCc montre une légère oxydation superficielle lors du vieillissement qui n'a pas un impact sur les propriétés mécaniques de la canalisation. L'addition de désinfectant (même à des concentrations très élevées) n'a pas montré avoir d'influence sur la dégradation du PVCc. Le mécanisme de dégradation du PVCc observé pourrait être schématisé de la façon suivante (figure 45) :

Oxydation des doubles liaisons (changement de la couleur) → Apparition de la bande des OH → Apparition des carbonyles ??

Figure 45: Mécanisme de dégradation du PVCc dans les conditions d'essais testées.

1. dès les premiers mois de vieillissement, les doubles liaisons créées lors de la fabrication (extrusion du tube de PVCc) vont s'oxyder, donnant lieu à une décoloration et à la disparition de la bande vibrationnelle en spectroscopie IR correspondante à $C=CH_2$;
2. la disparition de ces doubles liaisons va favoriser l'apparition du groupement OH. Ceci est détectable par spectroscopie infrarouge ;
3. ensuite, les groupements OH devraient évoluer pour former d'autres produits de dégradation comme les carbonyles. Néanmoins, ces derniers n'ont pas été observés pendant les 135 jours de vieillissement réalisé.

Le PVCc semble présenter une très bonne tenue vis-à-vis des fortes teneurs en espèces oxydantes après 135 jours de vieillissement à 70°C et avec des concentrations de désinfectant allant jusqu'à 1000 ppm EDJ. Même si le PVCc s'est montré très résistant aux conditions d'essais, deux indicateurs de vieillissement ont pu être relevés : le changement de coloration de la surface et l'apparition d'une bande en spectroscopie infrarouge correspondant au groupement OH.

4.4 ESSAIS DE STAGNATION REALISES SUR LE PERT/AL/PERT

Des échantillons de PERT/Al/PERT ont été vieillis en contact (configuration en immersion) avec des solutions d'eau ultra-pure dopée en hypochlorite de sodium à des concentrations de 25, 50 et 100 ppm EDJ. En plus, des échantillons de PERT/Al/PERT ont aussi été vieillis remplis de solutions d'eau du réseau de Nantes dopées en hypochlorite de sodium à 1, 25 et 100 ppm EDJ. Enfin, un « témoin » a vieilli rempli de l'eau du réseau de Nantes.

Tous les essais se sont déroulés à une température constante de 70°C.

L'approche suivie pour l'étude de ce matériau comprend : une caractérisation macroscopique afin de détecter d'éventuels changements de la couleur ou l'apparition des fissures ; une caractérisation physico-chimique avec l'analyse thermique et la spectroscopie infrarouge qui va nous permettre de détecter l'oxydation du polymère ou de ses antioxydants ; une caractérisation mécanique avec l'analyse mécanique dynamique et la traction uniaxiale qui vont nous permettre de suivre les éventuelles variations dans les propriétés mécaniques. Et finalement, une caractérisation rhéologique avec la viscosimètrie à l'état fondu afin de déceler si le vieillissement engendre une diminution de la viscosité (et donc, de la masse molaire moyenne en poids).

4.4.1 OBSERVATIONS MACROSCOPIQUES DES ECHANTILLONS DE PERT VIEILLIS EN STAGNATION

Comme pour le PVCc, la surface des échantillons de PERT subit une évolution de la couleur. En effet, les surfaces jaunissent au cours du vieillissement, ce jaunissement était plus rapide sur les échantillons vieillis avec les solutions des concentrations comprises entre 25 et 100 ppm EDJ.

Ce jaunissement suggère une dégradation de la surface des échantillons. Afin de quantifier cette dégradation, d'autres techniques de caractérisation ont été mises en œuvre.

4.4.2 MESURES DU TEMPS D'INDUCTION A L'OXYDATION (OIT) SUR LES ECHANTILLONS DE PERT VIEILLIS EN STAGNATION

La dégradation des polyoléfines, comme le PERT, montre un temps d'incubation qui correspond au temps dans lequel les antioxydants sont consommés **[95]**. Pendant ce temps d'incubation, le polymère n'est pas dégradé car les antioxydants qu'il contient se dégradent à sa place. C'est pourquoi, caractériser l'évolution de la concentration des antioxydants lors du vieillissement devient très important. La concentration en antioxydants d'un polymère peut être mesurée de façon indirecte avec le temps d'induction à l'oxydation (OIT) (voir chapitre 2). Les valeurs d'OIT présentées correspondent à la moyenne entre au moins trois mesures et les barres d'erreur représentent la déviation standard par rapport à cette moyenne.

Les mesures d'OIT sur la surface des échantillons vieillis avec de l'eau ultra-pure (configuration en immersion), ont été réalisées sur des prélèvements de faible épaisseur (<0,1 mm) découpés au cutter sur la surface du PERT en contact avec le milieu agressif. L'évolution de l'OIT en fonction de la concentration de désinfectant et du temps de vieillissement, correspondant aux échantillons vieillis avec les solutions préparées à partir de l'eau ultra-pure, est montrée sur la figure 46.

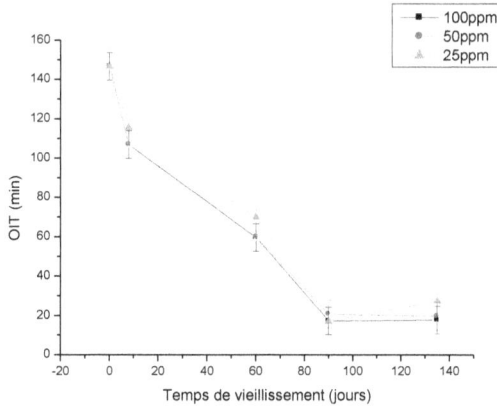

Figure 46 : Evolution de l'OIT sur la surface du PERT en fonction du temps
de vieillissement et de la concentration de désinfectant. (PERT vieilli avec
les solutions préparées avec l'eau ultra-pure).

L'OIT décroit à la même vitesse pour les concentrations de désinfectant de
25, 50 et 100 ppm EDJ. Après 90 jours de vieillissement, la concentration
en antioxydants est inférieure au 10% de la concentration initiale. Selon
Calvert et Billingham [158], la protection contre l'oxydation serait assurée
jusqu'à une valeur critique de la concentration en antioxydant ; jusqu'à une
perte de 90% de la concentration initiale en antioxydant. Par conséquent,
en deçà de cette valeur critique, le polymère ne serait plus protégé contre
les agressions chimiques.

Les échantillons vieillis avec les solutions préparées à partir de l'eau du
réseau de Nantes ont été usinés (voir chapitre 2) après vieillissement afin
d'évaluer l'état de dégradation en fonction de l'épaisseur. Les mesures du
temps d'induction à l'oxydation vont servir à établir le profil de
concentration des antioxydants en fonction de l'épaisseur de la couche
interne du tube (le point d'origine est la surface au contact de la solution).
La figure 47 ci-dessous exprime le temps d'induction à l'oxydation en
fonction de l'épaisseur pour les solutions 0 et 1 ppm EDJ.

Chapitre 4 : Vieillissement en
conditions statiques

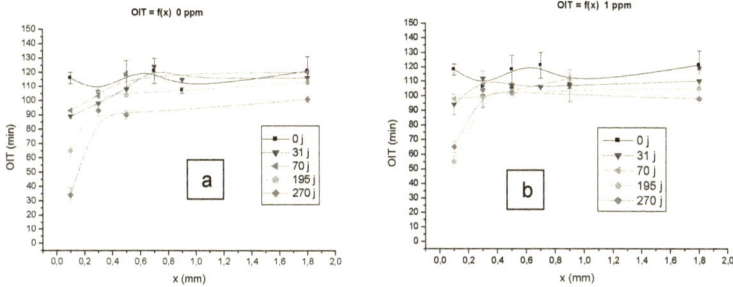

Figure 47 : OIT en fonction de l'épaisseur des échantillons vieillis à 0 ppm
(a) et 1 ppm (b) EDJ.

La figure 48 ci-dessous exprime le temps d'induction à l'oxydation en
fonction de l'épaisseur pour les solutions 25 et 100 ppm EDJ des
échantillons vieillis avec l'eau de Nantes.

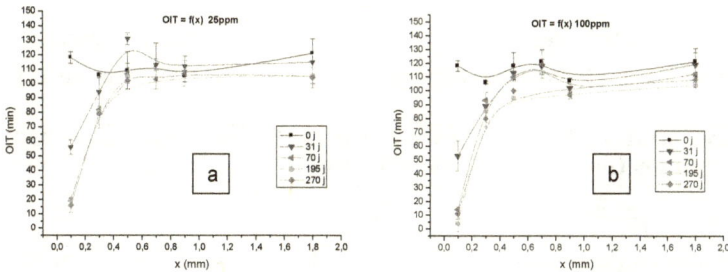

Figure 48 : OIT en fonction de l'épaisseur des échantillons vieillis à 25ppm
EDJ (a) et 100 ppm EDJ(b).

Après les temps de vieillissement les plus longs, la consommation des
antioxydants reste confinée à une épaisseur de 0,3 mm. Afin de mettre en
évidence la consommation des antioxydants au niveau de cette couche à
0,3 mm après 225 jours et 270 jours de vieillissement, le temps d'induction
à l'oxydation est exprimé en fonction des concentrations : 0, 1, 25 et 100
ppm EDJ sur la figure 49. Les épaisseurs suivantes sont présentées sur la
figure 49 : 0,1 mm, 0,3 mm, 0,5 mm et 0,8 mm.

Chapitre 4 : Vieillissement en
conditions statiques

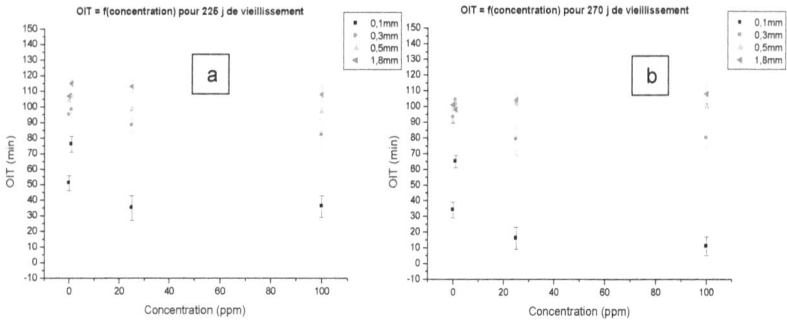

Figure 49 : OIT en fonction des concentrations pour les temps de
vieillissement 225 jours (a) et 270 jours (b) à différentes épaisseurs.

La consommation des antioxydants est plus rapide pour les concentrations à
partir de 25 ppm EDJ par rapport au témoin (0 ppm EDJ) et à la
concentration de 1 ppm EDJ.

La consommation des antioxydants est plus importante sur l'échantillon
témoin (0 ppm EDJ) que sur l'échantillon vieilli à 1 ppm EDJ (tableau 29).

Concentration des solutions (ppm)	OIT (min) pour 225j de vieillissement	OIT (min) pour 270j de vieillissement
0	50	35
1	75	65

Tableau 29 : Comparaison de l'OIT des tubes exposés à 0 et 1 ppm EDJ.

Pour les concentrations de 0 et 1 ppm EDJ, la consommation des
antioxydants reste confinée à la couche de polymère en contact avec l'eau
(épaisseur <0,3 mm). En revanche, les concentrations de 25 et 100 ppm
EDJ produisent une légère consommation des antioxydants sur la couche
située à 0,3 mm d'épaisseur.

D'après la littérature, une quantité minimale d'antioxydants est nécessaire
pour assurer la protection du polymère, cette concentration limite
d'antioxydant correspond à 10% de la valeur initiale de l'OIT [158, 159].

Pour des concentrations de désinfectant égales ou supérieures à 25 ppm
EDJ, après environ 70 jours de vieillissement, les 10% de la valeur initiale
de l'OIT, est atteinte. Par contre, pour les solutions à 0 et 1 ppm EDJ, après

270 jours de vieillissement, la concentration des antioxydants dans la couche interne des tubes resterait suffisante pour assurer la protection du PERT.

La vitesse de consommation des antioxydants reste comparable pour les concentrations 25, 50 et 100 ppm EDJ. Il semble donc qu'à partir d'une certaine concentration, la valeur de la concentration en désinfectant n'accélère plus la consommation d'antioxydants (effet seuil). Une possible explication de cet effet de seuil est donnée ci-après.

Après la création des radicaux libres dans le polymère, une possible réaction de dégradation mettant en jeu le désinfectant pourrait être :

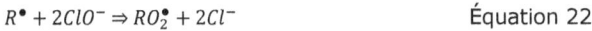

$$R^\bullet + 2ClO^- \Rightarrow RO_2^\bullet + 2Cl^- \qquad \text{Équation 22}$$

Supposons, cependant, que la quantité de désinfectant disponible soit insuffisante pour que tous les radicaux formés réagissent avec lui. Dans ce cas, une partie des radicaux pourrait participer à des réactions de terminaison comme **[160, 161]** :

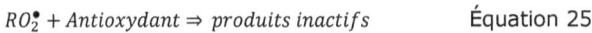

$$R^\bullet + R^\bullet \Rightarrow produits\ inactifs \qquad \text{Équation 23}$$

$$R^\bullet + RO_2^\bullet \Rightarrow produits\ inactifs \qquad \text{Équation 24}$$

$$RO_2^\bullet + Antioxydant \Rightarrow produits\ inactifs \qquad \text{Équation 25}$$

En effet, une augmentation de la concentration de désinfectant pourrait basculer des équations 23, 24 et 25 vers la 22 ; les radicaux libres réagiraient avec le désinfectant et il resterait moins de radicaux disponibles pour participer à des réactions de terminaison. En plus, si le nombre de radicaux formés par unité de temps et de volume devient inférieur à la concentration de désinfectant disponible par unité de temps et de volume, les réactions de terminaison ne se produiraient plus. Dans ces conditions, l'ajout de désinfectant, qui probablement ne participe pas à la formation des radicaux ($R^\bullet$), ne pourrait plus accélérer la consommation d'antioxydants.

Les antioxydants peuvent être consommés selon 2 méthodes **[160, 162]** :

> ➢ par extraction, les antioxydants vont diffuser vers la surface du polymère, pour ensuite, passer en solution. (consommation physique) ;

> ➤ par consommation chimique, les antioxydants vont réagir chimiquement avec une espèce oxydante afin de protéger le polymère. Cette réaction, peut se produire en surface, ou l'espèce agressive peut diffuser vers l'intérieur du polymère, et avoir lieu au cœur du polymère.

Les profils d'OIT des solutions à 0 et 1 ppm EDJ indiquent que la diffusion des antioxydants dans le polymère est faible. En effet, l'OIT chute de façon significative au voisinage de la couche en contact avec le liquide (e ≈ 0,1 mm), alors qu'il reste constant et proche de sa valeur à l'état neuf pour les épaisseurs supérieures à 0,1 mm. Une diffusion dans le polymère de l'antioxydant se traduirait par une baisse uniforme de l'OIT quelle que soit l'épaisseur. La consommation des antioxydants s'effectue donc sur la surface immédiatement en contact avec la solution, soit par voie chimique, soit par diffusion dans l'eau. Par conséquent, les espèces agressives issues des solutions à 0 et 1 ppm EDJ ne pénètrent pas dans le polymère tant qu'il reste des antioxydants en surface.

Concernant les solutions à 25 et 100 ppm EDJ, il apparaît une consommation d'antioxydants à 0,3 mm de la couche en contact avec le liquide. L'espèce réactive pénètrerait donc lentement dans le PERT une fois que les antioxydants auraient été consommés en surface.

Les résultats présentés précédemment ont mis en évidence que les échantillons vieillis à des concentrations de désinfectant supérieures à 25 ppm EDJ ont été dépourvus d'antioxydants dans la surface. Ceci implique que le polymère n'est plus protégé. Il sera, *a priori*, possible d'observer des changements au niveau macromoléculaire (comme une évolution de la cristallinité) ou moléculaire (évolution du spectre infrarouge).

4.4.3 EVOLUTION DE LA CRISTALLINITE ET DE LA TEMPERATURE DE FUSION DU PERT VIEILLI EN STAGNATION

Les évolutions de la cristallinité et de la température de fusion en fonction du vieillissement des échantillons vieillis avec l'eau de Nantes (configuration en remplissage) ont été suivies. Cette caractérisation a été réalisée sur toute l'épaisseur du PERT. Cependant, seuls les échantillons correspondant à la couche directement en contact avec la solution (0,1 mm) présentent des évolutions significatives de ces grandeurs. Pour cela, dans cette partie, seuls les résultats issus de ces échantillons (0,1 mm) seront présentés.

Le vieillissement réalisé n'a pas produit de changements dans la morphologie du pic de fusion, quelle que soit la condition de vieillissement jusqu'à 197 jours de vieillissement. En revanche, les pics de fusion des échantillons vieillis 270 jours à 25 et à 100 ppm EDJ montrent des différences significatives par rapport au pic de fusion du PERT non vieilli. L'aspect des pics de fusion des états neuf et vieillis 9 mois à 25 et 100 ppm EDJ est présenté sur la figure 50.

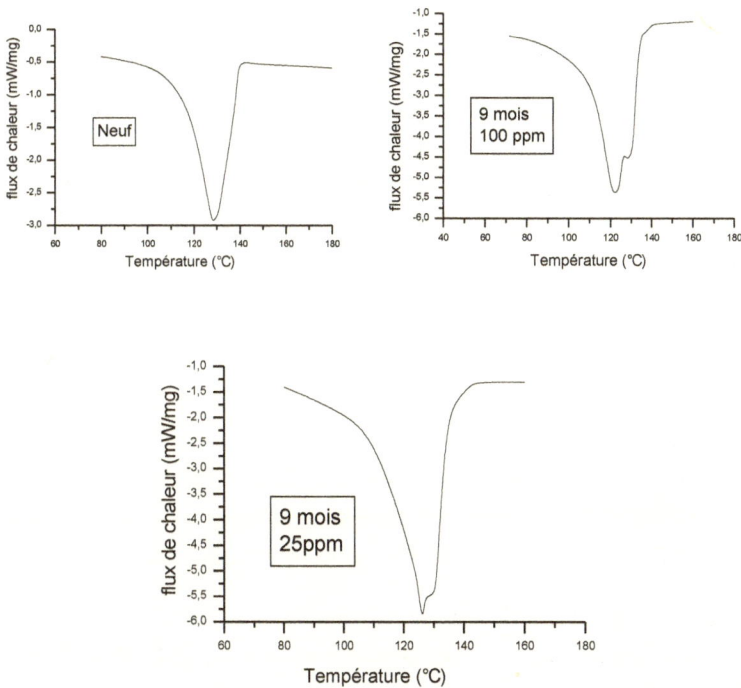

Figure 50 : Aspect des pics de fusion des échantillons de PERT à l'état neuf et vieillis 9 mois à 25 et 100 ppm EDJ.

Un dédoublement du pic de fusion pour les échantillons issus des tubes vieillis 9 mois à 25 et 100 ppm EDJ est observé. En revanche, l'aspect des pics de fusion des échantillons vieillis 9 mois à 0 et 1 ppm qui n'est pas présenté ici s'éloigne très peu de celui de l'échantillon non vieilli.

Les pics de fusion des états vieillis 270 jours à 25 et 100 ppm EDJ, dédoublés, traduisent la présence de deux entités cristallines de tailles différentes. La première population présente une température de fusion voisine de 125°C et la seconde une température de fusion proche de celle de l'état neuf soit 131°C. La deuxième population concerne les lamelles cristallines rencontrées à l'état neuf. La première population cristalline, associée à une température de fusion de 125°C, traduirait des cristallites de plus faibles dimensions **[64]**. Ces cristallites proviendraient du réseau d'enchevêtrement endommagé par le vieillissement. Le vieillissement provoquerait, en effet, des coupures de chaînes qui engendreraient des segments courts de chaînes. Ces derniers vont se réarranger entre eux pour créer des entités cristallines de plus petites tailles associées à une température de fusion plus faible **[64]** (125°C au lieu de 131°C). Cette diminution de la température de fusion est indicatrice du vieillissement **[97]**.

Ceci peut être corrélé avec la consommation des antioxydants présentée précédemment (§ 4.4.1). En effet, la protection du polymère après 270 jours de vieillissement à 25 et 100 ppm EDJ n'était plus assurée par les antioxydants, permettant alors, la dégradation du polymère. En revanche, sur les échantillons vieillis à 0 et 1 ppm EDJ, pour lesquels la concentration des antioxydants était encore suffisante pour protéger le polymère, l'aspect du pic de fusion n'a pas varié, donc le polymère n'a pas encore été dégradé.

La figure 51 décrit l'évolution des températures de fusion entre les états neufs et vieillis 9 mois avec les différentes solutions à 0, 1, 25 et 100 ppm EDJ. Les températures de fusion des pics dédoublés (pour 25 et 100 ppm) sont relevées sur le pic de gauche (première température de fusion), le pic de droite présentant une température de fusion proche de celle de l'état neuf soit 131°C.

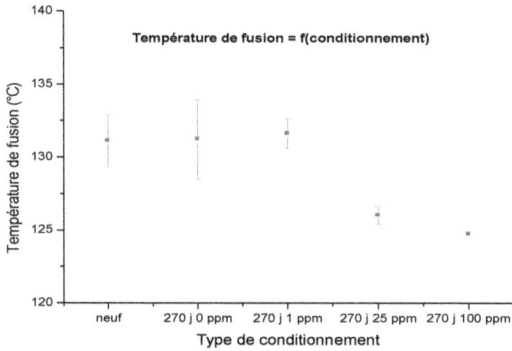

Figure 51 : Températures de fusion des états neuf, et vieillis 270 jours à 0,
1, 25 et 100 ppm EDJ.

Une chute de la température de fusion d'environ 6°C est observée pour les
échantillons conditionnés 9 mois à 25 et 100 ppm EDJ. Il n'y a pas de
différence significative de température de fusion pour les échantillons vieillis
à 25 et 100 ppm EDJ.

Les copeaux analysés en DSC avaient une épaisseur d'environ 0,2 mm.
Dans cette épaisseur, après 270 jours de vieillissement, les copeaux sont
probablement composés d'une couche oxydée, mais aussi, d'une couche
non dégradée de PERT. La première température de fusion observée (pic de
gauche) correspondrait à la couche oxydée, et la deuxième température de
fusion observée (pic de droite, figure 50) correspondrait au PERT non
dégradé. Par conséquent, une couche de polymère dégradé d'une épaisseur
inférieure à 0,2 mm est apparue après 270 jours de vieillissement avec les
solutions à 25 et 100 ppm EDJ.

L'aire du pic de fusion est proportionnelle au pourcentage de cristallinité de
l'échantillon [97]. Le graphe suivant (figure 52) représente l'évolution de
l'aire du pic de fusion, en fonction du temps de vieillissement.

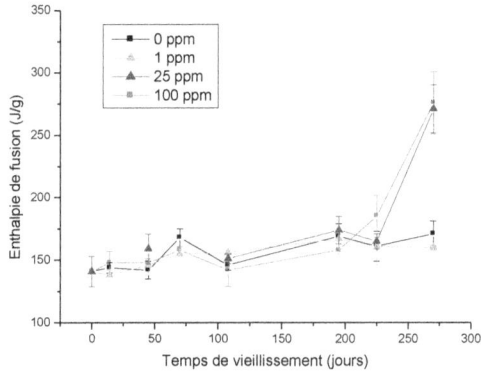

Figure 52 : Evolution de l'aire du pic de fusion du PERT vieilli en stagnation
en fonction du temps de vieillissement.

Les échantillons vieillis à 0 et 1 ppm EDJ ne montrent pas de différences de
cristallinité significatives par rapport à l'état non vieilli. Cependant, le taux
de cristallinité augmente à partir de 270 jours pour les échantillons vieillis à
25 et 100 ppm EDJ. De plus, cette augmentation est équivalente pour ces
deux concentrations (25 et 100 ppm EDJ), confirmant l'effet de seuil
observé auparavant sur la consommation des antioxydants.

L'augmentation de la cristallinité sur le polyéthylène est un indicateur d'une
couche dégradée **[97, 148, 154, 157, 163-165]**. A l'image des analyses
précédentes, d'une part les solutions à 0 et 1 ppm EDJ et les solutions à 25
et 100 ppm EDJ d'autre part, sont distinguables. Seules, les solutions à 25
et 100 ppm EDJ ont eu un impact sur la cristallinité du PERT, ceci est
sûrement dû à la consommation des antioxydants qui ne peuvent plus
assurer la protection du polymère sur la faible épaisseur de la couche
avoisinant la surface en contact avec le milieu agressif.

Cette augmentation de la cristallinité observée pourrait avoir de
conséquences au niveau des propriétés mécaniques du polymère **[148]** et
les essais mécaniques qui seront présentés par la suite confirmeront ou non
cette hypothèse.

De plus, le taux de cristallinité d'un polymère est lié à la perméabilité du polymère. En effet, il est connu que la cristallinité est inversement proportionnelle à la perméabilité **[29, 166]**. Par conséquent, les changements de cristallinité observés après 270 jours de vieillissement peuvent donner lieu à un comportement différent des échantillons face à l'absorption d'eau. La prise de masse des échantillons a été suivie afin de quantifier cette absorption d'eau.

4.4.4 VARIATION DE MASSE DU PERT VIEILLI EN STAGNATION

La masse des échantillons a été mesurée avant et après vieillissement. L'variation de masse des tubes en fonction de la durée de vieillissement est présentée sur la figure 53.

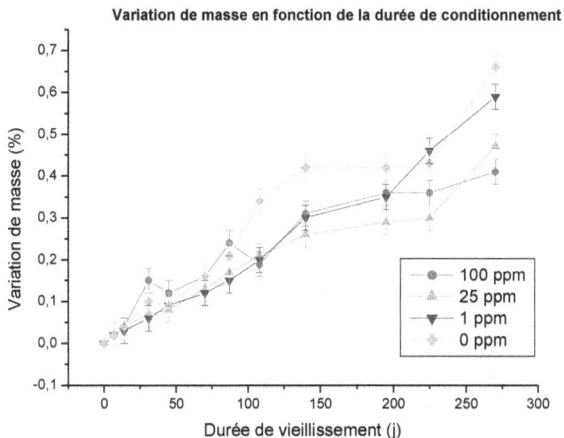

Figure 53 : Variation de masse des échantillons en fonction de la durée de conditionnement (échantillons vieillis avec l'eau de Nantes).

Tous les échantillons subissent une augmentation de masse au cours du vieillissement. La prise de masse des échantillons après 270 jours de vieillissement, en contact avec les différentes solutions, reste faible (n'excède pas 1% de la masse initiale de l'échantillon).

Sur le graphe se distinguent d'une part, les solutions 0 et 1 ppm EDJ et les solutions 25 et 100 ppm EDJ d'autre part. En effet, les échantillons remplis

des solutions 0 et 1 ppm augmentent leur masse d'environ 0,6 %, alors que
ceux remplis des solutions 25 et 100 ppm augmentent leur masse d'environ
0,4 %.

La prise de masse s'explique par une absorption d'eau. Mais, le PE et les
copolymères du PE (PERT), sont des matériaux hydrophobes **[83, 166]**.
C'est pour cela que l'absorption d'eau reste inférieure à 1% pour tous les
échantillons.

L'absorption d'eau après 270 jours de vieillissement est inferieure pour les
échantillons vieillis remplis des solutions de 25 et 100 ppm EDJ.
Précédemment, une augmentation de la cristallinité sur les échantillons
vieillis 270 jours à 25 et 100 ppm EDJ a été observée. Or, lorsque la
cristallinité augmente la perméabilité diminue **[29, 166].** En effet, la phase
cristalline est plus « compacte » que la phase amorphe et un polymère plus
« compact » est moins susceptible d'être pénétré par un solvant. Ceci
pourrait probablement expliquer l'absorption d'eau plus importante sur les
échantillons vieillis à 0 et 1 ppm EDJ par rapport à ceux vieillis à 25 et 100
ppm EDJ.

4.4.5 ANALYSE INFRAROUGE SUR LES ECHANTILLONS DE PERT VIEILLIS EN STAGNATION

La DSC, technique de caractérisation employée précédemment, permet de
détecter une oxydation du polymère de façon indirecte (augmentation de la
cristallinité). En revanche, la spectroscopie infrarouge détecte directement
les produits issus de l'oxydation du polymère. De plus, la profondeur
d'analyse de la spectroscopie infrarouge est de l'ordre du micromètre, donc,
avec cette technique, il est possible de détecter une dégradation confinée à
une faible épaisseur.

Comme pour l'OIT, plusieurs échantillons prélevés à différentes épaisseurs
ont été caractérisés par spectroscopie infrarouge. Seuls les spectres
infrarouges réalisés sur la face interne des échantillons (en contact avec
l'eau) présentent une évolution significative. En effet, les spectres effectués
sur des couches plus éloignées de la couche immédiatement en contact

Chapitre 4 : Vieillissement en
conditions statiques

avec la solution (épaisseurs ≥ 0,2 mm) ne montrent pas de différence par rapport à l'état neuf. Par conséquent, tous les spectres présentés par la suite correspondent à la surface des échantillons directement en contact avec l'eau. Les spectres de la figure 54 ont été acquis sur des échantillons ayant subi respectivement 0, 108, 225 et 270 jours de vieillissement.

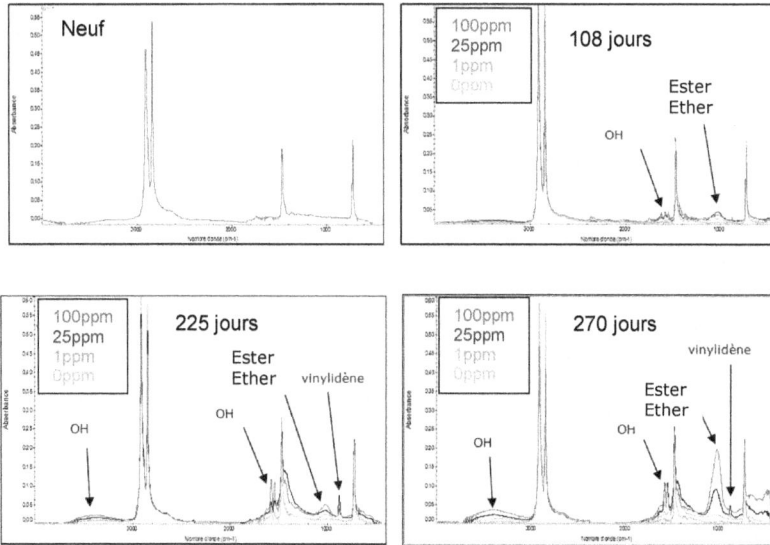

Figure 54 : Spectres infrarouges d'un échantillon neuf, des échantillons vieillis à 108 jours, 225 jours et 270 jours.

Le tableau 30 présente les bandes et pics observés avant vieillissement (bandes caractéristiques du PE, en vert) et les bandes et pics qui apparaissent au cours de vieillissement (en rouge).

Attribution	Nombre d'onde (cm^{-1})	Nombre d'onde (cm^{-1})
Groupement hydroxyle (OH)	3710-3100	3600-3300 **[146-148]**
Elongation asymétrique du CH$_2$	2917	2918 **[160]**
Elongation symétrique	2848	2850 **[160]**
Groupement Hydroxyle (OH)	1650-1550	1660-1500 **[161]**
Cisaillement du CH$_2$	1473	1473 **[160]**
Cisaillement du CH$_2$	1465	1463 **[160]**
Groupement ester-éther (C-O-C)	900-1150	1000-1200 **[162]**
Groupement vinylidène (C=CH$_2$)	890	887 **[139, 140]**
Balancement du CH$_2$	731	731 **[160]**
Balancement du CH$_2$	720	720 **[160]**

Tableau 30 : Bandes et pics observés avant vieillissement (vert) et après vieillissement (rouge) du PERT en essai de stagnation.

Tous les spectres infrarouges ont été obtenus en mode ATR, donc présenter des calculs quantitatifs n'est pas possible. Néanmoins, en normalisant avec le pic situé à 2917 cm^{-1} correspondant à la liaison C-H qui est sensée évoluer très peu au cours du vieillissement **[151, 152]**, nous pouvons calculer un index adimensionnel qui va nous permettre de comparer les spectres des différents échantillons. Des index ont été calculés sur les groupements hydroxyles et ester-éther (figure 55).

Chapitre 4 : Vieillissement en
conditions statiques

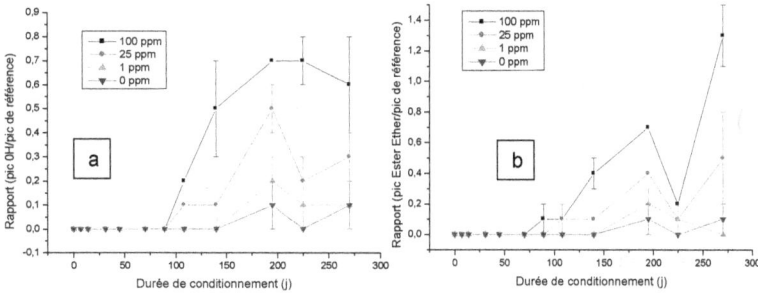

Figure 55 : Index correspondant à l'évolution de la bande des OH (a) et à
l'évolution de la bande C-O-C (b) en fonction du vieillissement.

Comme précédemment, les concentrations 25 et 100 ppm EDJ peuvent être
séparées de celles à 0 et 1 ppm EDJ. En effet, les bandes OH apparaissent
après 108 jours de vieillissement sur les échantillons de PERT vieillis remplis
de solution 25 et 100 ppm EDJ. L'intensité de la bande des OH, de ces
échantillons, croît avec le temps de vieillissement puis un palier de
stabilisation semble apparaître après 195 jours de vieillissement. Les
bandes obtenues pour les échantillons vieillis à 0 et 1 ppm EDJ ne montrent
quant à elles pas de différences significatives au cours du vieillissement.

Le groupement OH peut être indicateur d'une couche de polymère oxydée
[83, 104, 150]. L'apparition du groupement OH est probablement reliée à
la création des hydroperoxydes. La formation des hydroperoxydes peut être
très pénalisante vis-à-vis de la dégradation du polymère. En effet, la
décomposition unimoléculaire des hydroperoxydes ($POOH \rightarrow PO^\bullet + OH^\bullet$) est
très   lente
($8 \times 10^{-12}.s^{-1}$), en revanche, quand la concentration d'hydroperoxydes atteint
une concentration critique (de l'ordre de 3×10^{-3} mol.kg^{-1}), les
hydroperoxydes se décomposent par voie bimoléculaire ($POOH + POOH$
$\rightarrow PO^\bullet + PO_2^\bullet + H_2O$) et ceci provoque une forte accélération du vieillissement
[105]. En se basant sur le schéma de la dégradation d'une polyoléfine, aux
étapes de propagation et terminaison, les réactions suivantes sont
susceptibles de se produire **[94]**:

Propagation :

$$ROO^{\bullet} + RH \rightarrow ROOH + R^{\bullet} \qquad \text{Équation 26}$$

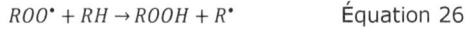

> Il y a propagation par arrachement d'hydrogène des liaisons CH
> faibles et formation d'hydroperoxydes : ROOH

Terminaison :

$$ROO^{\bullet} + A \rightarrow Produits\ inactifs \qquad \text{Équation 27}$$

> Avec A antioxydant.

Dans ce cas de figure, une fois les antioxydants consommés (équation 27), la propagation par arrachement d'hydrogène devient possible (équation 26). Dans ces conditions, a lieu la formation d'hydroperoxydes, responsables de l'apparition de la bande des OH. Concernant l'évolution du groupement C-O-C, la bande correspondant au groupement ester-éther commence à apparaître en même temps que la bande des OH pour les concentrations 25 et 100 ppm EDJ (après 108 jours de vieillissement).

L'apparition des groupements ester-éther sur les échantillons vieillis à 25 et 100 ppm EDJ confirme la présence d'une couche de polymère oxydée [167]. Cette couche serait nettement plus importante sur les échantillons vieillis avec 25 et 100 ppm EDJ. En effet, sur les échantillons vieillis à 0 et 1 ppm EDJ, même si la bande C-O-C apparaît pour les durées de vieillissement les plus longues, elle reste faible comparée à celle des concentrations 25 et 100 ppm EDJ.

A partir de 225 jours de vieillissement, les couches en contact avec les solutions à 25 et 100 ppm laissent apparaître le pic correspondant au groupement $C=CH_2$. Après 270 jours de vieillissement, l'échantillon en contact avec la solution à 0 ppm EDJ montre aussi le pic correspondant au groupement $C=CH_2$.

Les groupements vinylidène $C=CH_2$ insaturés présentent des doubles liaisons instables qui peuvent réagir rapidement, expliquant que leur intensité reste faible.

Une réaction qui pourrait expliquer la formation des groupements vinylidène lors de la dégradation du polymère a été proposée dans la littérature **[147]** (figure 56).

$$CH_2 - \dot{C} - CH_2 - CH_2 - CH_2 \longrightarrow CH_2 - C = CH_2 + \dot{C}H_2CH_2$$
$$C_6H_{13} C_6H_{13}$$

Figure 56 : Réaction de formation des groupements vinylidène **[147]** .

L'oxydabilité du matériau dépend de «l'arrachabilité» des atomes d'hydrogène. Or, il existe, dans le PERT, des atomes de carbone tertiaires situés au niveau des copolymères. Le carbone tertiaire, structure instable, peut expliquer l'origine des groupements vinylidènes **[147, 168]**.

Finalement, il faut remarquer que si les échantillons vieillis à 0 ppm EDJ présentent le pic du vinylidène après 270 jours de vieillissement, les échantillons vieillis à 1 ppm EDJ ne le présentent pas. Cette observation est en accord avec les résultats observés sur la vitesse de consommation des antioxydants qui montraient que la solution à 0 ppm EDJ était plus agressive que celle chlorée à 1 ppm EDJ.

La caractérisation physico-chimique des échantillons a montré une couche de polymère oxydée sur les échantillons vieillis à 25 ppm et 100 ppm EDJ. Cependant, l'épaisseur de cette couche est très faible, inférieure à 0,2 mm. La question qui se pose alors est si cette épaisseur dégradée est assez importante pour modifier les propriétés mécaniques du PERT. Afin de répondre à cette question les propriétés mécaniques du polymère ont été caractérisées à l'état solide et à l'état fondu.

4.4.6 ANALYSE MECANIQUE DYNAMIQUE (DMA) SUR LES ECHANTILLONS DE PERT, ESSAIS DE STAGNATION

La courbe de DMA caractéristique du PERT, matériau relativement récent, n'était pas connue. Pour cela, dans un premier temps, nous avons voulu caractériser le matériau non vieilli et le comparer avec des matériaux de la même famille comme, le PEX (Polyéthylène réticulé) et le PEHD (polyéthylène de haute densité). La figure 57 montre les courbes DMA du PERT, PEHD et PEX (modules de conservation).

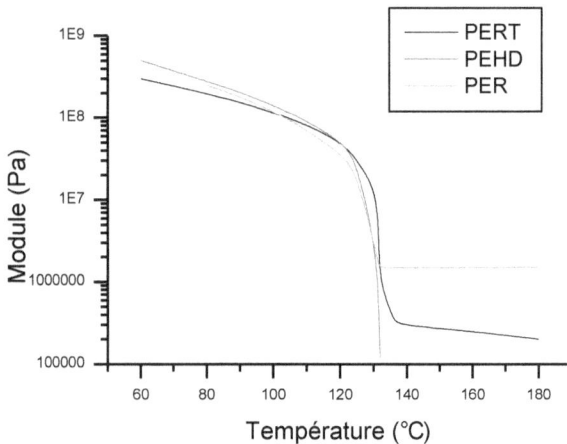

Figure 57 : Courbes DMA du PERT, du PEHD et du PEX.

Les modules du PERT et du PEHD sont comparables jusqu'au voisinage de la température de fusion (130°C). Après la fusion, le PERT présente un plateau situé autour de la valeur de 0,2 MPa contrairement au PEHD classique dont le module chute à des valeurs inférieures à 0,1 MPa (en dehors de la limite de détection de l'appareil).

La structure macromoléculaire du PERT, caractérisée par de nombreux branchements, augmenterait l'enchevêtrement des macromolécules et expliquerait la présence d'un plateau même après la fusion des cristallites.

L'analyse mécanique dynamique du PEX fait aussi apparaître un plateau après la fusion des cristallites. Cependant, le plateau du PEX est horizontal. Les modules restent supérieurs à ceux du PERT. La réticulation explique la présence de ce plateau. Le palier observé sur la courbe de DMA du PEX, après la température de fusion correspond, en effet, au réseau d'enchevêtrement chimique créé par la réticulation. En revanche, le palier du PERT est un indicateur possible d'un réseau d'enchevêtrement. Néanmoins, le PERT n'a pas un réseau d'enchevêtrement chimique comme celui du PEX. En effet, le PERT n'est pas réticulé, par conséquent, son réseau d'enchevêtrement proviendrait du fait que le PERT est un polymère très branché.

L'analyse mécanique dynamique a également été utilisée pour suivre l'évolution des modules (modules de conservation) lors du vieillissement du PERT.

La caractérisation en DMA a été effectuée avec des éprouvettes d'épaisseur de 0,8 mm car il n'était pas possible d'usiner des éprouvettes d'une épaisseur plus faible. La figure 58 montre les modules de conservation en fonction de la température des PERT vieillis 270 jours à 0 et 100 ppm EDJ.

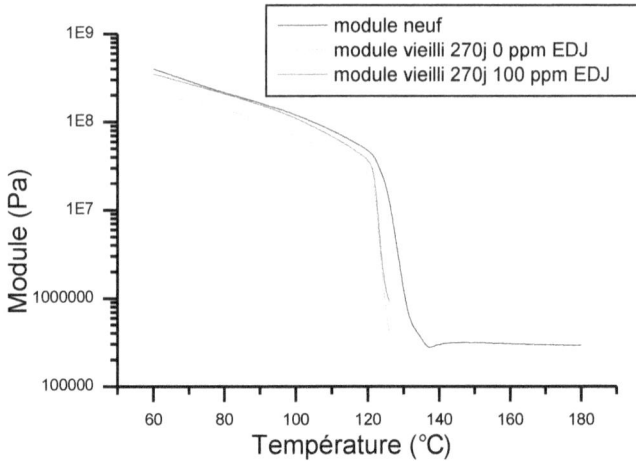

Figure 58 : Modules de conservation des échantillons de PERT non vieilli,
vieilli 270 jours à 0 ppm EDJ et vieilli 270 jours à 100 ppm EDJ.

Pour des températures inférieures à la température de fusion, l'analyse
mécanique dynamique ne discrimine pas les états neufs et vieillis (0 et 100
ppm EDJ). Par contre, pour T>Tf=130°C, cette technique distingue les
modules entre les états vieillis et l'état neuf : en effet, après la fusion, les
échantillons vieillis ne supportent plus la sollicitation et la manipulation
s'arrête. Cependant, aucune différence significative n'est observée entre les
états vieillis à 0 et 100 ppm EDJ entre eux.

La perte d'intégrité des échantillons vieillis 270 jours, lors de l'essai en DMA
après la fusion peut être interprétée par une dégradation du réseau
d'enchevêtrement car seul ce réseau subsiste après la fusion de la phase
cristalline.

Afin de confirmer ces résultats, la viscosimètrie à l'état fondu, qui est une
technique de caractérisation plus sensible et complémentaire à la DMA, a
été utilisée.

4.4.7 VISCOSIMETRIE A L'ETAT FONDU SUR LES ECHANTILLONS DE PERT VIEILLIS EN ESSAIS DE STAGNATION

Le but de cette manipulation est de savoir si le vieillissement a engendré une diminution de la viscosité et donc de la masse molaire moyenne en poids. La figure 59 présente la courbe exprimant la viscosité en fonction du gradient de vitesse de cisaillement à la température de 220°C. Cette figure, représente les courbes obtenues pour les échantillons neuf et les quatre états vieillis à 270 jours : 0, 1, 25 et 100 ppm EDJ. Les essais sur les échantillons neufs et vieillis 270 jours à 0 ppm EDJ ont été répétés deux fois.

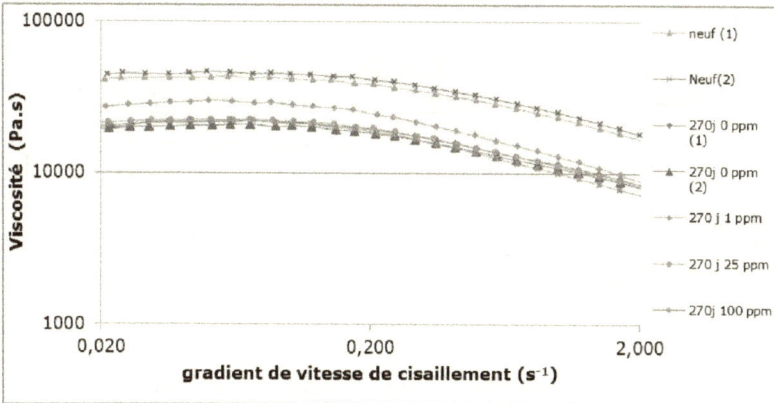

Figure 59 : Viscosité en fonction du gradient de vitesse de cisaillement sur les échantillons du PERT non vieilli et vieillis 270 jours à 0, 1, 25 et 100 ppm EDJ. (Mesures faites à 220°C).

Les deux courbes des états neuf et vieilli 270 jours à 0 ppm EDJ sont confondues et prouvent une bonne reproductibilité de l'essai.

Le plateau newtonien est visible sur toutes les courbes pour les fréquences inférieures à 0,2 s^{-1}.

Une baisse de la viscosité est observable pour tous les états vieillis 270 jours. Les différences entre les masses molaires associées aux tubes en contact avec les solutions 0, 25 et 100 ppm ne sont pas significatives.

Les échantillons en contact avec les solutions à 1 ppm EDJ présentent des masses molaires situées entre l'état neuf et les états vieillis à 0, 25 et 100 ppm, confirmant que la solution à 1 ppm EDJ est moins agressive.

La baisse de la viscosité observée peut être reliée directement à une baisse de la masse molaire moyenne et donc à une diminution de la longueur des chaînes. Par contre, la baisse de la masse molaire moyenne concerne tous les échantillons, même celui vieilli à 1 ppm EDJ.

Les masses molaires peuvent être calculées selon l'équation 28 **[105]**.

$n_0 = K M_w^{3,4}$,   Équation 28 où n_0 est la viscosité en Pa.s. et K est une constante de valeur $2,46 \times 10^{-4}$ $Pa.s.mol^{3,4}.kg^{-3,4}$.

Les valeurs des masses molaires sont présentées sur le tableau 31.

Temps de vieillissement (jours)	Concentration de désinfectant (ppm EDJ)	M_w (Kg.mol^{-1})
0		293
270	0	239
	1	260
	25	239
	100	239

Tableau 31 : Masses molaires issues des résultats de la viscosimètrie à l'état fondu.

Les masses molaires associées aux échantillons en contact avec les solutions 0, 25 et 100 ppm EDJ sont confondues, ce qui sous-entend le même nombre de coupures de chaînes.

Sur le polyéthylène, les coupures de chaînes peuvent entraîner une fragilisation du polymère si la masse molaire moyenne en poids devient inférieure à une valeur critique, de l'ordre de 70±30 kg.mol^{-1}.**[105]**. Une fois dépassée cette valeur critique, le polymère devient fragile et les propriétés à la rupture chutent. Cependant, les échantillons vieillis 270 jours à 0, 25 et 100 ppm EDJ montrent des masses molaires très supérieures à cette valeur critique, par conséquent, une fragilisation du polymère n'est pas attendue. Toutefois, afin de confirmer cette observation, des essais de traction uniaxiale ont été réalisés et sont présentés par la suite.

4.4.8 CARACTERISATION MECANIQUE DU PERT VIEILLI EN STAGNATION

Des mesures de l'allongement à la rupture, du seuil d'écoulement et de la contrainte à la rupture ont été effectuées lors de la réalisation des essais de traction uniaxiale sur des éprouvettes haltères d'une épaisseur d'environ 0,8 mm provenant du PERT non vieilli et vieilli.

La figure 60 présente l'évolution de l'allongement à la rupture lors du vieillissement.

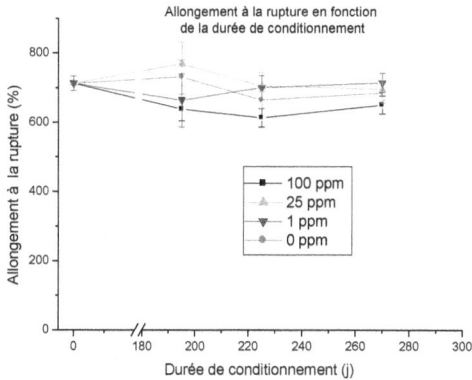

Figure 60 : Allongement à la rupture en fonction du temps de vieillissement
des échantillons vieillis en stagnation.

Aucun des paramètres mécaniques mesurés ne subit des changements significatifs au cours du vieillissement.

D'après la littérature, la dégradation d'une fine couche de polymère (~100 μm) peut suffire pour fragiliser une canalisation **[104]**. Avec d'autres techniques de caractérisation (comme la DSC ou la spectroscopie IR), nous avons mis en évidence la présence d'une couche mince de polymère oxydée (<200 μm). En revanche, le PERT (éprouvettes haltères d'une épaisseur de 0,8 mm) n'a pas été fragilisé confirmant les résultats obtenus par viscosimètrie à l'état fondu qui montrent des masses molaires au-dessus du seuil critique. En conclusion, la couche de PERT dégradée reste trop mince pour avoir une influence sur la tenue mécanique de la canalisation. Il n'y a donc pas de fissuration.

4.4.9 Conclusion sur les essais de stagnation realises sur le PERT

La DSC nous a permis de mettre en évidence une consommation
d'antioxydants (baisse de l'OIT) et une évolution du pic de fusion des
échantillons (dédoublement du pic, baisse de la température de fusion, et
augmentation de la cristallinité) traduisant des coupures de chaînes au
cours du vieillissement. Les analyses infrarouges ont montré la présence
d'une couche oxydée de polymère (apparition des pics correspondants aux
groupements OH, C-O-C et C=CH$_2$) pour certaines conditions de
vieillissement, notamment à 25 et 100 ppm EDJ.

La rhéologie, par l'étude de la viscosimétrie à l'état fondu, montre une
baisse de la masse molaire moyenne. Ceci traduit un réseau
d'enchevêtrement du polymère qui a été affecté.

L'analyse mécanique dynamique a montré une perte de propriétés
mécaniques (baisse du module de conservation) après la température de
fusion sur les échantillons vieillis. En revanche, la traction uniaxiale (essais
réalisés à température ambiante) présente un PERT vieilli qui n'a pas perdu
ses propriétés mécaniques. Par conséquent, des changements dans les
propriétés mécaniques après vieillissement ne sont observés qu'avec le
polymère à l'état fondu.

Les échantillons vieillis à 25 et 100 ppm EDJ présentent une accélération de
la dégradation. Cependant, entre 25 et 100 ppm EDJ nous n'avons pas
trouvé de différences significatives.

Les échantillons à 0 et 1 ppm EDJ exhibent de leur côté un comportement
très proche. Cependant, la dégradation paraît être légèrement plus rapide
pour l'échantillon vieilli à 0 ppm EDJ.

La séquence de dégradation du PERT pourrait se schématiser comme ce qui
suit (figure 61) :

1. tout d'abord, les antioxydants sont consommés à la surface du PERT ;

2. ensuite, il y a une oxydation progressive de la surface, qui donne lieu à des coupures de chaînes. Ces premières coupures de chaînes pourraient affecter d'avantage le réseau d'enchevêtrement.

La dégradation observée lors de nos essais s'arrête là, théoriquement la séquence de dégradation devrait continuer comme décrit dans la littérature **[109]** :

3. apparition des microfissures sur la couche de polymère oxydée ;

4. coalescence de ces microfissures pour former une fissure ;

5. avance de la fissure vers l'intérieur du polymère ;

6. fragilisation et rupture du PERT.

Dans notre cas, le PERT/Al/PERT est un matériau multicouche, donc, une rupture de la couche interne de PERT n'entraine pas une fuite d'eau. Cependant, dans ce cas de figure, l'eau rentre en contact avec la colle entre le PERT et l'aluminium et aussi avec l'aluminium lui-même. Le relargage des ions aluminium dans l'eau pourrait dégrader sa qualité et la placer en dehors des critères de potabilité. Par conséquent, une rupture de la couche interne du PERT impliquerait la fin de vie de la canalisation en PERT/Al/PERT.

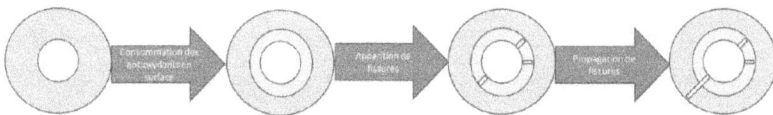

Figure 61 : Proposition de mécanisme de dégradation du PERT.

Les essais de vieillissement en conditions statiques réalisés sur le PERT/Al/PERT ont dévoilé plusieurs indicateurs de vieillissement pour le PERT. D'abord, la consommation des antioxydants ; en effet, une nette diminution de la concentration des antioxydants est nécessaire pour que le matériau soit dégradé. La DSC paraît une technique adaptée à la caractérisation d'éventuelles coupures de chaînes qui se traduisent par une évolution de la cristallinité. Finalement, l'apparition des groupements OH ou C-O-C en spectroscopie infrarouge est aussi un indicateur de vieillissement à retenir.

4.5 CONCLUSION GENERALE SUR LES ESSAIS EN STAGNATION

Les essais en conditions statiques ont servi à identifier des indicateurs de vieillissement pour les matériaux étudiés. Ces essais ont permis aussi de tirer quelques conclusions sur l'influence de l'addition d'hypochlorite de sodium sur la dégradation des matériaux étudiés, qui pourront être nuancées par la suite avec les essais en dynamique.

Concernant les métaux (cuivre et acier galvanisé), le mode de corrosion semble être le facteur le plus important à prendre en compte ; en effet une corrosion uniforme ne semble pas être pénalisante par rapport à la durabilité du matériau tandis qu'une corrosion localisée peut produire un endommagement rapide de la canalisation. Les résultats ont montré que l'addition du désinfectant accélérait la cinétique de corrosion des métaux. Cependant, le mode de corrosion n'est pas altéré. Ceci a pu être mis en évidence par l'identification des produits de corrosion par spectroscopie Raman et diffraction des rayons X. En effet, les mêmes produits de corrosion ont été observés avec et sans désinfectant, en revanche, la cinétique de formation de ces produits de corrosion n'était pas la même. De plus, certains produits de corrosion sont un indicateur d'un état de corrosion plus avancé (par exemple, les produits de corrosion du cuivre avec le cuivre en état d'oxydation +2).

Au niveau du cuivre, les différentes observations et analyses ont permis de mettre en évidence la séquence d'oxydation du cuivre à 70°C et 100 ppm EDJ. Cette séquence d'oxydation se compose d'une première étape consistant à la formation de la cuprite. Puis, dans un deuxième temps l'épaisseur de la couche de cuprite augmente et finalement, la ténorite (produit de corrosion du cuivre très stable) est formée.

Concernant les polymères, la spectroscopie infrarouge s'avère une technique de caractérisation capable de détecter la présence des produits d'oxydation, et notamment, du groupement OH qui est apparu lors du vieillissement du PVCc et du PERT. De plus, pour le PERT, la vitesse de consommation des antioxydants est un paramètre à contrôler (avec la mesure de l'OIT) spécialement lors des premières semaines de vieillissement.

Le comportement du PERT vis-à-vis du désinfectant est très diffèrent de celui du PVCc. En effet, l'addition d'hypochlorite de sodium ne semble avoir aucun effet négatif sur la durabilité du PVCc tandis que la vitesse de dégradation du PERT se voit accélérée à des concentrations de désinfectant supérieures à 25 ppm.

De plus, concernant le PERT, les premières étapes de la séquence de dégradation observée sont en accord avec de celle reportée dans la littérature **[109]**. En effet, tout d'abord, les antioxydants ont été consommés à la surface du PERT, puis, l'oxydation du polymère a donné lieu à des coupures de chaines qui ont pu être observées par spectroscopie infrarouge (apparition des produits d'oxydation), par DSC (évolution de la cristallinité) et par viscosimètrie à l'état fondu (baisse de la masse molaire moyenne).

CHAPITRE 5 : VIEILLISSEMENT EN CONDITIONS DYNAMIQUES

Lors du chapitre précédent, les essais de vieillissement en conditions de stagnation ont permis d'identifier des indicateurs de vieillissement des matériaux étudiés.

Dans cette partie du manuscrit, les matériaux sont maintenant vieillis en conditions dynamiques sur le banc d'essais afin de reproduire à l'échelle 1 les conditions de vieillissement des systèmes de distribution d'eau chaude bouclés. L'objectif de ces essais est d'étudier l'impact de la température et de la concentration de désinfectant sur la dégradation des canalisations. Par conséquent, la dégradation des matériaux est évaluée par différentes techniques de caractérisation. Les résultats des essais de vieillissement en fonction de chaque technique de caractérisation seront présentés pour chaque matériau. Pour clore ce chapitre, une conclusion globale récapitule les principales observations.

Le chapitre 3 qui a traité de la chimie des milieux de vieillissement a permis de quantifier les espèces majoritaires issues des solutions désinfectantes utilisées. En effet, mise à part l'acide hypochloreux et l'ion hypochlorite dont la répartition est présentée sur le tableau 32, l'étude réalisée dans le chapitre 3 a mis en évidence l'apparition des ions chlorates, notamment pour des températures de solution avoisinant les 70°C. La cinétique de formation de ces ions est lente, cependant, leur présence dans les solutions de vieillissement est significative pour les échantillons vieillis à 70°C quel que soit le matériau, et à 50°C pour les échantillons de cuivre.

Température (°C)	pH	% HClO	% ClO⁻
70	7,2	39	61
50	7,2	50	50

Tableau 32 : Répartition des espèces issues de l'hypochlorite de sodium pour les conditions testées.

5. VIEILLISSEMENT EN CONDITIONS DYNAMIQUES

Comme cela a déjà été exposé, l'influence de la géométrie a été testée. En effet, des manchettes horizontales et verticales ont été étudiées. A l'exception des premières semaines de vieillissement, où un problème technique, a produit des phénomènes de corrosion par aération différentielle sur les manchettes horizontales, les résultats ne montrent pas de différences entre les manchettes verticales et horizontales. C'est pour cela que les résultats présentés ne concernent que les manchettes verticales.

5.1 CUIVRE VIEILLI SUR LE BANC D'ESSAIS

Les échantillons de cuivre ont été vieillis sur le banc d'essais dans les conditions suivantes.

Deux boucles ont fonctionné pendant 8 semaines avec une teneur en désinfectant de 25 ppm EDJ, une température de 50 ou 70°C avec et sans filmogène (voir chapitre 2). Des prélèvements réguliers de manchettes verticales et horizontales ont été réalisés afin de suivre l'évolution des états de surface après vieillissement.

Une ligne de référence a fonctionné pendant 4 semaines en reproduisant les conditions réelles des systèmes d'eaux chaudes sanitaires opérant à 50°C et avec une chloration à 1 ppm.

Concernant le traitement filmogène, le produit utilisé est une solution à base de polyphosphates et de silicates de sodium (Aquapack Plus, Avis technique 19/09-89). Le dosage a été réalisé en continu pour assurer une concentration constante de 0,045 mL.L^{-1} dans la boucle.

Le protocole de caractérisation employé a été le suivant : tout d'abord les échantillons ont été soumis à un examen visuel afin de déceler le mode de corrosion et la couleur des produits de corrosion formés sur la surface du cuivre. Ensuite un examen microscopique (optique et électronique) a été employé pour caractériser la morphologie des produits de corrosion. Finalement, l'identification des produits de corrosion a été réalisée par spectroscopie Raman et diffraction des rayons X afin d'obtenir des informations sur la séquence d'oxydation du cuivre dans les conditions testées.

Le tableau 33 récapitule les conditions de vieillissement communes à toutes les lignes.

Pression (bar)	Débit (L.min^{-1})	Temps de séjour (heures)	Vitesse de circulation (m.s^{-1})	pH
0,8±0,2	4,0±0,3	10±0,5	0,30±0,04	7,2±0,3

Tableau 33 : Conditions de vieillissement fixées pendant les essais sur le banc d'essais.

5.1.1 MORPHOLOGIE DES FACIES DE DEGRADATION LORS DU VIEILLISSEMENT EN BANC D'ESSAIS

La morphologie des produits de corrosion sera étudiée à différentes échelles : de l'échelle macroscopique jusqu'à l'échelle microscopique (en se servant du microscope optique et du MEB).

L'observation optique de l'état de surface des manchettes a été réalisée. Cette évaluation est basée sur la modification de l'aspect de la surface interne de la manchette, la surface corrodée et l'apparition de dégradations localisées comme des piqûres. Le tableau 34 permet de comparer les images macroscopiques des échantillons verticaux vieillis dans différentes conditions.

Chapitre 5 : Vieillississement en
conditions dynamiques

[Cl$_2$] (ppm)	T (°C)	Filmogène	Temps de vieillissement (semaines)			
			2	4	6	8
25	70	Oui				
		Non				
	50	Oui				
		Non				
1	50	Non				

Tableau 34 : Images macroscopiques des manchettes verticales vieillies sur le banc d'essais (piqûres marquées avec des ronds rouges).

Lors de nos essais, les valeurs de 3 paramètres ont été modifiées afin d'étudier leur influence sur la corrosion du cuivre :

La température semble avoir une influence sur le mode de corrosion ; en effet, la corrosion sur les manchettes vieillies à 70°C est de type uniforme. En revanche, sur les manchettes vieillies à 50°C, une corrosion localisée par piqûres apparaît.

La concentration de désinfectant a été étudiée à 1 ppm EDJ et à 25 ppm EDJ. L'élévation de la concentration de désinfectant paraît accélérer la vitesse de formation des produits de corrosion. En plus, l'élévation de la concentration du désinfectant pourrait favoriser la corrosion par piqûres à 50°C.

L'injection de filmogène : les produits de corrosion des échantillons vieillis sans filmogène sont moins sombres (peut-être moins épais) que ceux des échantillons vieillis avec filmogène. De plus, à 50°C, l'injection de filmogène paraît retarder l'apparition de piqûres (sans filmogène, apparition des piqûres après 4 semaines, tandis qu'avec filmogène, les piqûres apparaissent après 8 semaines).

La combinaison des paramètres : température (50°C) et teneur en désinfectant paraît favoriser un mode d'endommagement localisé. L'augmentation de la teneur en désinfectant induit une accélération de la vitesse de corrosion du cuivre, comme déjà souligné lors du vieillissement en conditions statiques. De plus, la variation de température joue sur la répartition des espèces issues de l'hypochlorite de sodium (voir chapitre 3), ce qui influe sur le caractère oxydant de la solution et sur la nature des produits de corrosion se formant lors de la dégradation du cuivre. Ainsi, la variation de la nature et de la distribution des produits de corrosion, en fonction des paramètres opératoires, seraient à l'origine du mode de corrosion localisé.

Les travaux de la littérature montrent qu'une élévation de la température augmente la probabilité d'avoir un mode de corrosion par "pitting II" [62]. Néanmoins, le mode de corrosion par "pitting II" est observé à 50°C et ne l'est pas à 70°C lors de nos expériences.

A 70°C les réactions par lesquelles le désinfectant va oxyder le cuivre [15] (équations 29 et 30) rentrent en compétition avec les réactions de décomposition du désinfectant en ions chlorate [16, 20] (équations 31 et 32).

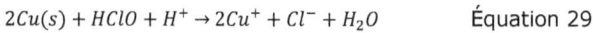

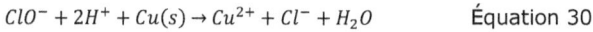

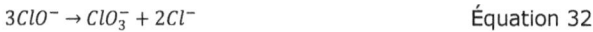

$$2Cu(s) + HClO + H^+ \rightarrow 2Cu^+ + Cl^- + H_2O \qquad \text{Équation 29}$$

$$ClO^- + 2H^+ + Cu(s) \rightarrow Cu^{2+} + Cl^- + H_2O \qquad \text{Équation 30}$$

$$3HClO \rightarrow ClO_3^- + 2Cl^- + 3H^+ \qquad \text{Équation 31}$$

$$3ClO^- \rightarrow ClO_3^- + 2Cl^- \qquad \text{Équation 32}$$

Ceci impliquerait, une baisse de la vitesse de corrosion (moins d'oxydant disponible pour réagir avec le cuivre). En effet, la tendance à la décomposition de l'hypochlorite de sodium en ions chlorate (ClO_3^-) est deux fois plus importante à 70°C qu'à 50°C (voir chapitre 3). Les ions chlorate sont des oxydants moins forts que l'acide hypochloreux (HClO) et l'ion hypochlorite (ClO^-).

De plus, d'après la répartition des espèces de l'hypochlorite de sodium calculée au chapitre 3, à 50°C il y a 12,5 ppm d'acide hypochloreux, tandis qu'à 70°C, il y a moins de 10 ppm d'acide hypochloreux. L'acide hypochloreux est l'espèce la plus oxydante de l'hypochlorite de sodium, alors, cette différence d'environ 3 ppm de plus en HClO rend la solution à 50°C plus oxydante que celle à 70°C.

En revanche, il reste à expliquer l'apparition des piqûres à 50°C. Une possible origine de ces piqûres pourrait s'expliquer comme ce qui suit.

L'acide hypochloreux et l'ion hypochlorite vont participer à la corrosion du cuivre selon les réactions 29 et 30 [15]. Ces deux réactions conduisent à une augmentation locale de la concentration des ions Cl⁻ au voisinage de la surface du cuivre. Ces ions pourraient, tout d'abord, s'adsorber sur la couche de produits de corrosion et, ensuite, migrer à travers cette couche de produits de corrosion jusqu'à atteindre le cuivre, comme le propose le modèle de pénétration ionique [169]. Finalement, à 50°C, avec 25 ppm de désinfectant, les produits de corrosion vont s'accumuler à l'extérieur de la piqûre créant un milieu confiné avec des conditions favorables pour une acidification locale de la solution. La solution deviendrait donc localement très agressive favorisant la croissance de la piqûre.

Concernant l'addition du désinfectant, l'augmentation de la concentration de désinfectant semble augmenter la vitesse de corrosion du cuivre. Cette accélération de la corrosion pourrait s'expliquer simplement, en prenant en compte que des oxydants supplémentaires ont été rajoutés à la solution. Les espèces O_2, ClO^-, ClO_3^- et $HClO$, présentes dans la solution, sont susceptibles d'oxyder le cuivre selon les réactions suivantes [15, 75, 127] :

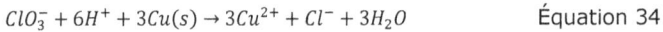

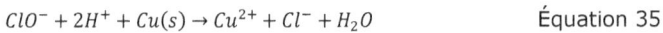

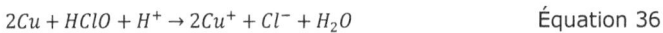

$$2Cu + 2H_2O + O_2 \rightarrow 2Cu^{2+} + 4OH^-$$ Équation 33

$$ClO_3^- + 6H^+ + 3Cu(s) \rightarrow 3Cu^{2+} + Cl^- + 3H_2O$$ Équation 34

$$ClO^- + 2H^+ + Cu(s) \rightarrow Cu^{2+} + Cl^- + H_2O$$ Équation 35

$$2Cu + HClO + H^+ \rightarrow 2Cu^+ + Cl^- + H_2O$$ Équation 36

La teneur en oxygène dissous est certainement similaire sur la ligne de référence (1 ppm EDJ) et sur celle d'étude (25 ppm EDJ). En revanche, la ligne d'étude contient 25 fois les concentrations de $HClO$, ClO^- et ClO_3^- de la ligne de référence (1 ppm EDJ).

En outre, le désinfectant paraît induire l'apparition des piqûres. En effet, le désinfectant peut changer les propriétés de la couche de corrosion [15], de façon à favoriser un mode de corrosion par piqûre.

Concernant l'injection de filmogène, un changement de l'aspect macroscopique de la surface des manchettes est observé. Les échantillons vieillis avec filmogène paraissent moins attaqués. Par conséquent, le filmogène se déposerait sur les manchettes en cuivre jouant le rôle d'un film protecteur, ceci a déjà été observé par Mac Quarrie et al. [75] (cf. chapitre 1). Le filmogène est un mélange de silicates et phosphates. Sur l'acier galvanisé, il a été démontré que les phosphates facilitent l'inhibition cathodique en interférant sur la réduction de l'oxygène [57, 58]. Au niveau de silicates, Foucault et Mayer [38, 56] mettent en hypothèse que l'action inhibitrice anodique du silicate est due à la fois à l'augmentation locale du pH et à la formation d'une couche à forte teneur en silicates. Ces modes d'actions des produits filmogènes, largement étudiés sur l'acier galvanisé, seraient aussi valables pour le cuivre **[75]**. L'analyse de la nature des produits de corrosion par spectroscopie Raman ou diffraction de rayons X, dont les résultats sont présentés par la suite, peuvent confirmer cette hypothèse.

En conclusion, l'observation macroscopique a révélé un mode de corrosion uniforme pour les échantillons vieillis à 70°C et 25 ppm EDJ tandis que pour les échantillons vieillis à 50°C et 25 ppm EDJ, la corrosion est localisée à partir de 4 semaines de vieillissement. La corrosion localisée est très pénalisante face à la durée de vie des canalisations. L'augmentation de la concentration de désinfectant (de 1 ppm EDJ à 25 ppm EDJ) semble favoriser un mode de corrosion par piqûre après 4 semaines de vieillissement à 50°C. Les produits de corrosion formés en présence de filmogène ont un aspect différent de ceux formés sans filmogène ce qui implique que l'injection de filmogène a une influence sur la corrosion du cuivre. Cependant, il est difficile à dire si cette influence est favorable ou pénalisante vis-à-vis de la durabilité du cuivre.

5.1.1.1 Observation microscopique

L'observation optique donne une première information sur la dégradation des échantillons, les microscopies optique et électronique sont des techniques de caractérisation adaptées à l'étude de la microstructure des couches de produits de corrosion.

Les images prises avec le microscope optique des manchettes verticales vieillies sur le banc d'essais sont présentées dans l'annexe 4.

Les trois facteurs étudiés (température, addition du filmogène et concentration en désinfectant) semblent avoir une influence sur la morphologie des produits de corrosion du cuivre vieilli en dynamique : les échantillons vieillis à 70°C sont nettement différents de ceux vieillis à 50°C. Notamment, la couleur des échantillons vieillis à 50°C prend une tonalité verdâtre dès les premières semaines de vieillissement, tandis que la couleur des échantillons vieillis à 70°C va de marron clair au noir (tableau 35).

Chapitre 5 : Vieillissement en
conditions dynamiques

[EDJ] (ppm)	T (°C)	Filmogène	Temps de vieillissement (semaines)	
			4	8
25	70	Non		
	50	Non		

Tableau 35 : Images microscopiques de la surface des échantillons d'étude
vieillis sans filmogène.

La surface des échantillons de cuivre vieillis à 50°C et 25 ppm EDJ est
différente de celle des échantillons vieillis à 50°C et 1 ppm EDJ. En effet, la
couche de produits de corrosion paraît se former plus rapidement à 25 ppm
EDJ (tableau 36).

[EDJ] (ppm)	T (°C)	Filmogène	Temps de vieillissement (semaines)	
			2	4
25	50	Non		
1		Non		

Tableau 36 : Images microscopiques de la surface des échantillons vieillis à
50°C.

La morphologie des échantillons vieillis avec filmogène s'éloigne de celle des
échantillons vieillis dans les mêmes conditions mais sans filmogène,
notamment pour les premières semaines de vieillissement. En effet, la
surface des échantillons vieillis avec filmogène paraît se recouvrir des
produits de corrosion plus rapidement (tableau 37).

Chapitre 5 : Vieillissement en
conditions dynamiques

[EDJ] (ppm)	T (°C)	Filmogène	Temps de vieillissement (semaines)	
			2	8
25	70	Oui		
		Non		
	50	Oui		
		Non		

Tableau 37 : Images de la surface des échantillons d'étude vieillis sans et avec filmogène.

La dissolution est une étape thermiquement activée donc une augmentation de la température implique une augmentation de la vitesse de dissolution. Dans les premières semaines de vieillissement, la dissolution du cuivre à 70°C devrait être plus intense. A cette température (70°C), la nature des produits de corrosion permet rapidement de former un film barrière protecteur, qui ralentit la dissolution du cuivre, tandis qu'à 50°C, la formation de ce film barrière est plus lente.

L'augmentation de la concentration du désinfectant accélère la corrosion du cuivre. En effet, les échantillons vieillis à 25 ppm EDJ (50°C) montrent des surfaces avec des produits de corrosion verdâtres dès les premières semaines de vieillissement. Ces produits de corrosion verdâtres, caractéristiques des produits de corrosion du cuivre à l'état d'oxydation +2, sont indicateurs d'un état de corrosion avancé [170].

En conclusion, l'observation avec le microscope optique confirme les observations macroscopiques. L'addition de chlore est un facteur pénalisant pour la corrosion du cuivre. L'élévation de la température, de façon inattendue, n'est pas pénalisante pour le cuivre en termes de corrosion.

Finalement, le filmogène joue un rôle sur la corrosion du cuivre, au moins, lors de premières semaines de vieillissement.

Afin d'approfondir l'étude de la microstructure des couches de produits de corrosion de certains échantillons, la microscopie électronique à balayage a été utilisée.

Les essais de vieillissement accéléré à 50°C en présence de désinfectant à 25 ppm ont mis en évidence un mode de dégradation localisée par piqûres. Afin d'étudier ce mécanisme, des analyses MEB/EDS ont été réalisées. Le tableau 38 montre des images prises sur des piqûres apparues sur des échantillons vieillis à 50°C avec 25 ppm de désinfectant et les analyses EDS correspondantes.

Semaine	4		8	
	X200		X300	
	Élément	% atomique	Élément	% atomique
	C	35	C	19
	O	37	O	48
	S	2	S	4
	Cl	1	Cl	3
	Cu	25	Cu	26

Tableau 38 : Images MEB et analyses EDS des piqûres qui sont apparues sur les échantillons vieillis à 50°C avec 25 ppm de désinfectant sans injection de filmogène.

La morphologie des produits de corrosion au voisinage de la piqûre de l'échantillon vieilli 8 semaines, est caractéristique du carbonate de cuivre, notamment de la malachite [171].

La composition élémentaire observée sur les piqûres apparues après 4 semaines de vieillissement est très similaire à celle des piqûres présentes après 8 semaines de vieillissement. Les éléments majoritaires présents sont le carbone, l'oxygène et le cuivre. Ceci semble indiquer que les produits de corrosion principalement présents sur les piqûres sont des oxohydroxycarbonates de cuivre.

Des images MEB ont aussi été prises sur la surface de l'échantillon vieilli pendant 8 semaines à 70°C avec traitement filmogène (figure 62).

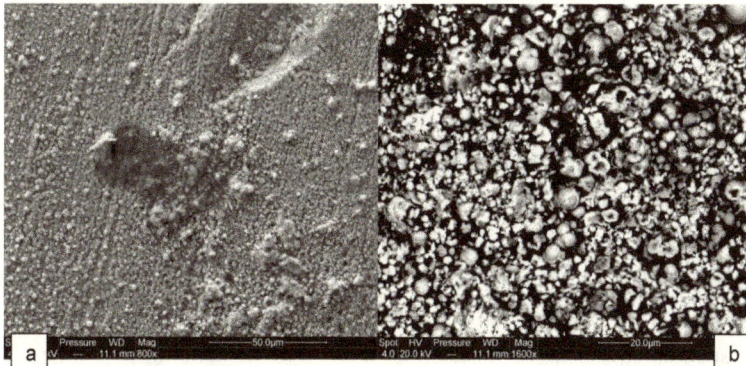

Figure 62 : Images MEB de la surface échantillons vieillis 8 semaines à 70°C et 25 ppm de désinfectant avec l'injection du traitement filmogène. Images prises à différents grandissements x800 (a) et x1600 (b).

Cette figure montre des couches de corrosion hétérogènes au niveau microscopique. En effet, la surface de l'échantillon ne montre pas une couche de produits de corrosion homogène mais une couche de produits de corrosion avec différentes morphologies et de nombreux défauts.

Des observations en coupe transverse ont été réalisées afin d'observer l'épaisseur de la couche de produits de corrosion. Les observations MEB des coupes transverses des échantillons vieillis 8 semaines à 70°C et 25 ppm EDJ avec l'injection de filmogène sont présentées sur la figure 63.

Chapitre 5 : Vieillissement en
conditions dynamiques

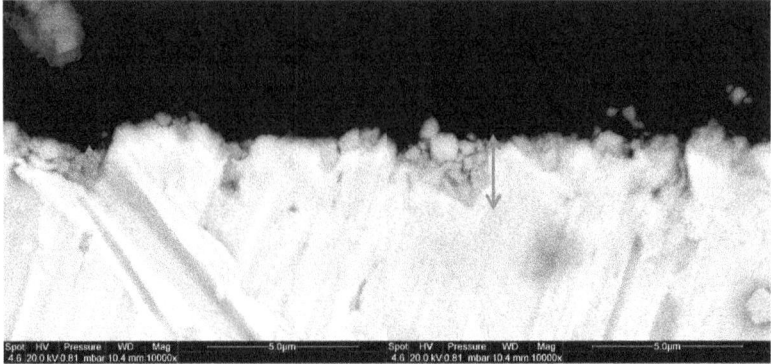

Figure 63 : Observations MEB de la coupe transverse des échantillons vieillis
à 70°C et 25 ppm avec l'injection de filmogène.

L'épaisseur de la couche de produits de corrosion formée après 8 semaines de vieillissement reste très faible (en moyenne 1,6 µm). La couche des produits de corrosion est très hétérogène avec des zones sans aucun produit de corrosion. Cette hétérogénéité pourrait être caractéristique de la corrosion du cuivre dans les conditions d'essais, cependant, il est plus probable que l'hétérogénéité de l'épaisseur des produits de corrosion soit reliée à la rugosité, très élevée, de la surface des échantillons. De plus, ni la possibilité d'un arrachement des produits de corrosion lors de la préparation métallographique, ni la possibilité d'un arrachement des produits de corrosion par le fluide en mouvement (qui devient plus facile quand l'épaisseur des produits de corrosion augmente) ne peuvent être totalement écartées.

La couleur, la morphologie et les analyses EDS (composition élémentaire) des produits de corrosion peuvent donner des pistes sur la nature de ces produits de corrosion. Cependant, la spectroscopie Raman et la diffraction des rayons X dont les résultats sont présentés par la suite sont des techniques adaptées pour l'identification de produits de corrosion.

**5.1.2 IDENTIFICATION DES PRODUITS DE CORROSION FORMES SUR LES
ECHANTILLONS DE CUIVRE VIEILLIS SUR LE BANC D'ESSAIS**

Les bandes de vibration Raman ont été identifiées à l'aide de la littérature
[122-125, 172-174]. Le tableau 39 présente les spectres Raman des
échantillons de cuivre vieillis sur les lignes d'étude du banc d'essais.
Concernant les échantillons vieillis à 50°C et 25 ppm EDJ, sur lesquels des
piqûres ont été observées, les spectres présentés sur le tableau 39
correspondent aux parties de la surface ne présentant pas des piqûres. La
figure 64 montre les spectres Raman des échantillons vieillis sur la ligne de
référence (50°C, 1 ppm EDJ).

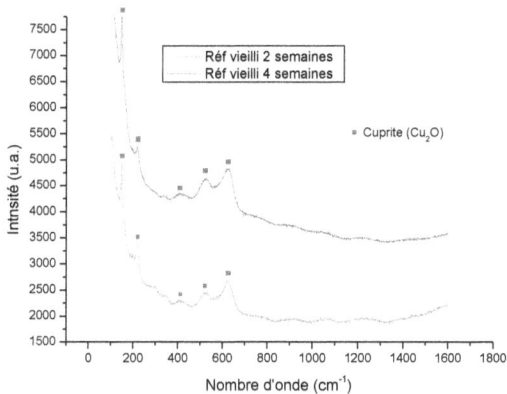

Figure 64 : Spectres Raman des échantillons vieillis sur la ligne de référence
(50°C 1 ppm EDJ).

Chapitre 5 : Vieillissement en
conditions dynamiques

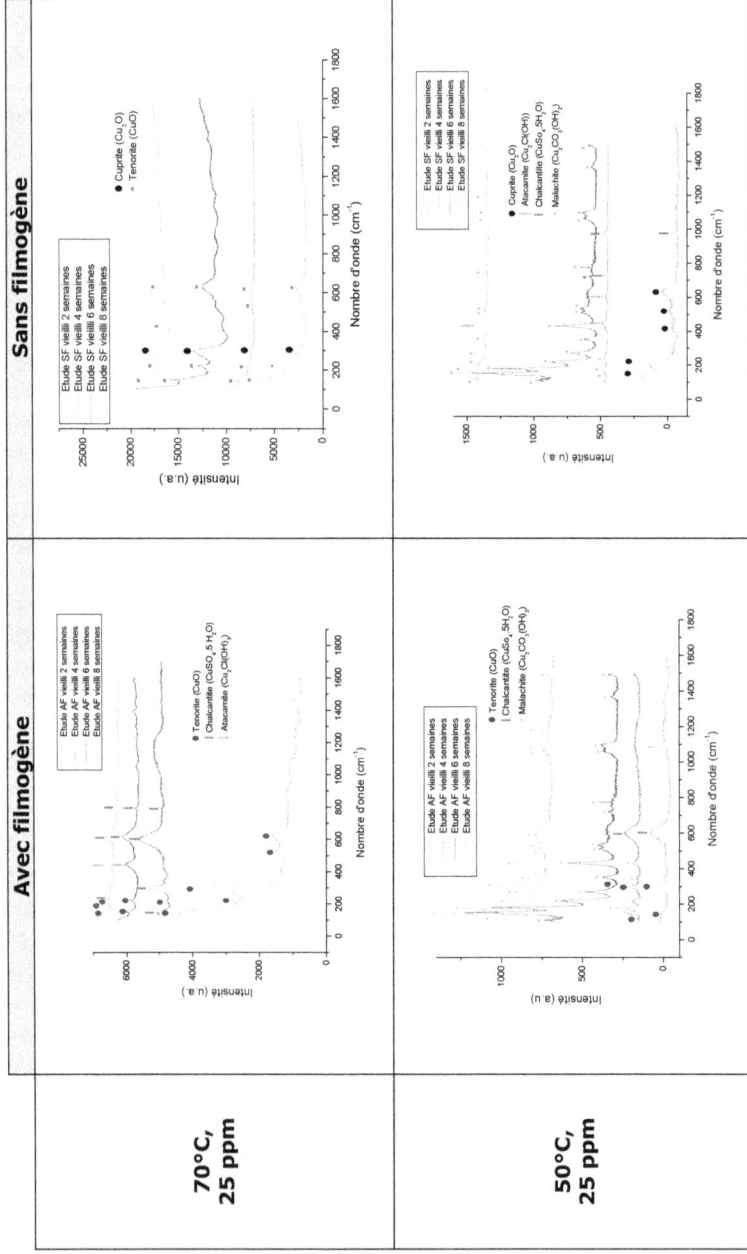

Tableau 39 : Spectres Raman des échantillons de cuivre vieillis sur le banc d'essais.

L'étude des spectres Raman montre différentes « séquences » d'apparition des produits corrosion en fonction des conditions de vieillissement.

Pour les échantillons de référence, vieillis à 50°C et 1 ppm EDJ, le seul produit de corrosion observé sur la durée d'exposition testée est la cuprite (Cu$_2$O). Pour les échantillons vieillis à 70°C et 25 ppm EDJ sans filmogène, la cuprite se forme au début du vieillissement puis, la ténorite (CuO) apparaît.

Les échantillons vieillis à 50°C et 25 ppm EDJ sans filmogène, montrent également l'apparition de cuprite au début du vieillissement, mais, après 4 semaines de vieillissement, l'atacamite (Cu$_2$Cl(OH)$_2$), la chalcantite (CuSO$_4$5(H$_2$O)) et la malachite (Cu$_2$CO$_3$(OH)$_2$) apparaissent. Finalement, après 8 semaines de vieillissement, le produit de corrosion majoritaire sur la surface de l'échantillon est la malachite.

Concernant les échantillons vieillis à 70°C et 25 ppm EDJ avec l'injection du filmogène, les spectres Raman ne montrent pas de cuprite lors des premières semaines de vieillissement. En revanche, la ténorite est présente durant toute la durée du vieillissement, seule au début du vieillissement, puis accompagnée de la chalcantite (après 4 semaines de vieillissement) et de l'atacamite (après 6 semaines de vieillissement).

Sur les échantillons vieillis à 50°C et 25 ppm EDJ avec l'injection du filmogène, la cuprite n'apparaît pas non plus. La ténorite apparaît directement, accompagnée de la chalcantite. Après 6 semaines de vieillissement la malachite semble se substituer à la ténorite et la chalcantite.

Sur les échantillons vieillis en présence de filmogène, aucune existence de phosphates ou de silicates parmi les produits de corrosion du cuivre n'a été détectée. Afin de confirmer l'absence de cette couche protectrice, les échantillons issus du vieillissement en présence de filmogène à 50°C et 70°C, ont été caractérisés par diffraction des rayons X (figure 65).

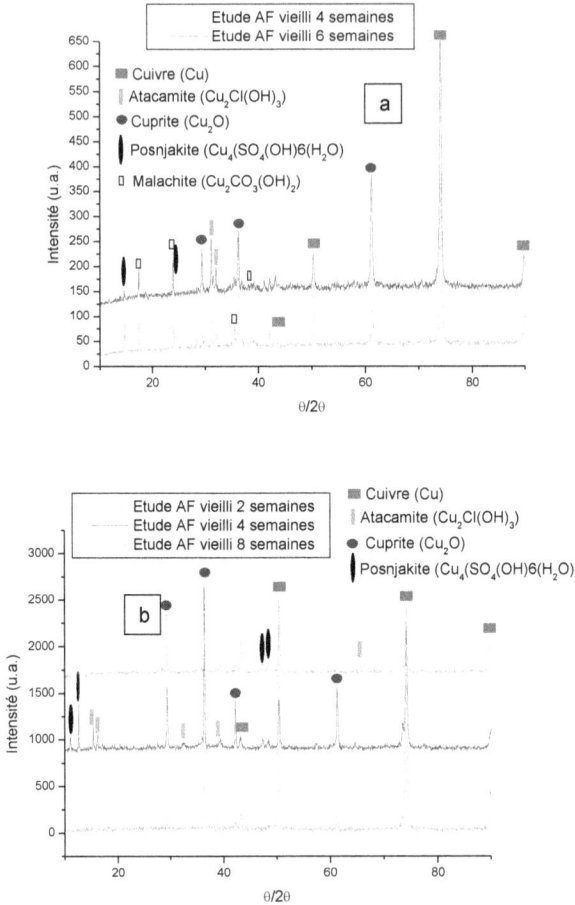

Figure 65 : Diffractogrammes X des échantillons vieillis à 25 ppm EDJ avec
filmogène à 50°C (a) et 70°C (b).

La diffraction des rayons X (DRX), ne permet pas de mettre en évidence des produits de corrosion contenant des phosphates ou silicates sur les échantillons vieillis en présence de filmogène. Cependant, elle confirme la plupart des produits de corrosion observées précédemment avec la spectroscopie Raman, à l'exception de la ténorite (observée seulement avec la spectroscopie Raman) et la cuprite (observée seulement par DRX).

L'absence de ténorite en DRX, probablement due à une mauvaise cristallisation, a été déjà notée dans la partie correspondant aux essais en statique. Concernant la cuprite, observée en DRX mais pas en spectroscopie Raman, une explication possible pourrait s'appuyer sur les profondeurs d'analyses différentes de ces deux techniques de caractérisation. En effet, la spectroscopie Raman analyse les produits de corrosion situées à la surface (~nm). En revanche, la DRX a une profondeur d'analyse plus importante (~µm). La cuprite, se trouvant en dessous des autres produits de corrosion, ne serait donc détectée que par DRX.

La spectroscopie Raman, étant une technique de caractérisation locale, permet de caractériser les piqûres apparues sur les échantillons vieillis à 50°C et 25 ppm EDJ (figure 66). Les spectres Raman obtenus sur les piqûres sont tous semblables ; en effet, aucune différence n'est observée parmi les échantillons vieillis avec ou sans filmogène et à différentes durées de vieillissement.

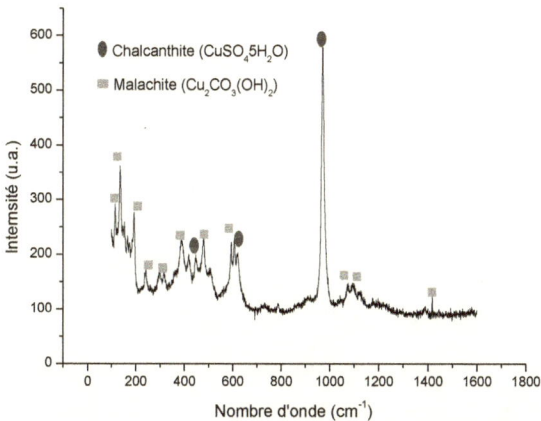

Figure 66 : Spectre Raman caractéristique des produits de corrosion au centre des piqûres apparues sur les échantillons vieillis à 50°C et 25 ppm EDJ.

Le spectre obtenu au centre de la piqûre est différent de ceux pris sur la couche homogène en surface. Notamment, un sulfate de cuivre, composant caractéristique du "pitting II", correspond au pic le plus intense détecté sur le spectre Raman de la figure 66. Les sulfates et carbonates de cuivre sont des produits de corrosion caractéristiques d'un mode de corrosion par "pitting II" [62] qui se produit, d'après la littérature, dans les eaux chaudes avec un rapport de bicarbonates sur des sulfates faible ($\frac{[HCO_3^-]}{[SO_4^{2-}]} < 1$) . L'eau de Nantes, utilisée au banc d'essais, a un rapport supérieur à 1 mais proche de l'unité à 25°C.

Le tableau 40 récapitule les produits de corrosion identifiés en fonction des conditions de vieillissement.

Chapitre 5 : Vieillissement en conditions dynamiques

[Cl₂] (ppm)	T (°C)	Filmogène	Temps de vieillissement (semaines)			
			2	4	6	8
25	70	Oui	**CuO** Cu₂O	**Cu₄SO₄ 5(H₂O)** CuO	CuO **Cu₄SO₄ 5(H₂O)** **Cu₂Cl(OH)₃**	CuO Cu₄SO₄ 5(H₂O) Cu₂Cl(OH)₃
		Non	CuO **Cu₂O**	CuO **Cu₂O**	CuO Cu₂O	CuO Cu₂O
	50	Oui	**CuO** Cu₄SO₄ 5(H₂O) Cu₂O	CuO Cu₄SO₄ 5(H₂O) Cu₂CO₃(OH)₂	Cu₂CO₃(OH)₂	Cu₂CO₃(OH)₂
		Non	Cu₄SO₄ 5(H₂O) **Cu₂O**	**Cu₄SO₄ 5(H₂O)** Cu₂CO₃(OH)₂ **Cu₂Cl(OH)₃**	Cu₂CO₃(OH)₂	Cu₂Cl(OH)₃ Cu₂CO₃(OH)₂
1	50	Non	Cu₂O	Cu₂O		

Tableau 40 : Produits de corrosion identifiés sur les échantillons de cuivre vieillis en dynamique, en gras les composants majoritaires.

Comme il a été expliqué précédemment, la séquence d'oxydation du cuivre dans l'eau est composée en général de deux étapes [66-71]. Dans un premier temps, le cuivre métallique (Cu^0) passe à un état d'oxydation +1 (Cu^+). Puis, le cuivre à l'état d'oxydation +1 va s'oxyder vers un état d'oxydation +2 (Cu^{2+}).

L'addition de désinfectant accélère le processus de corrosion. En effet, à 50°C et 1 ppm EDJ, après 4 semaines de vieillissement, la cuprite, oxyde de cuivre avec le cuivre en état d'oxydation +1, est le seul composant présent. En revanche, à 50°C avec 25 ppm de désinfectant, à partir de deux semaines de vieillissement, des produits de corrosion du cuivre avec le cuivre en état d'oxydation +2 apparaissent et après 4 semaines de vieillissement, tous les produits présents à la surface de la couche de corrosion sont des composants avec le cuivre en état d'oxydation +2.

En outre, à 50°C et 25 ppm EDJ la malachite (hydroxycarbonate de cuivre) est le produit corrosion prédominant après 8 semaines de vieillissement. Cependant, à 70°C et 25 ppm EDJ c'est la ténorite (oxyde de cuivre) le produit de corrosion prédominant après 8 semaines de vieillissement. Ces résultats sont en accord avec les calculs théoriques d'Adeloju [175] qui montrent qu'à partir de 50°C, la formation d'oxydes est favorisée par rapport à la formation du malachite. En effet, d'après Adeloju pour former la malachite à 70°C, les concentrations de bicarbonate doivent être doublées par rapport à celles présentes à 50°C. La ténorite et la malachite sont les produits de corrosion les plus stables du cuivre, par conséquent, la formation de l'une ou l'autre ne devrait pas avoir un impact négatif sur la durabilité du matériau. Cependant à 70°C le mode de corrosion est uniforme tandis qu'à 50°C la corrosion est localisée. La figure 67 schématise le processus de corrosion du cuivre en présence de 25 ppm EDJ à 70°C et à 50°C, avec les équations susceptibles de former les produits de corrosion trouvés.

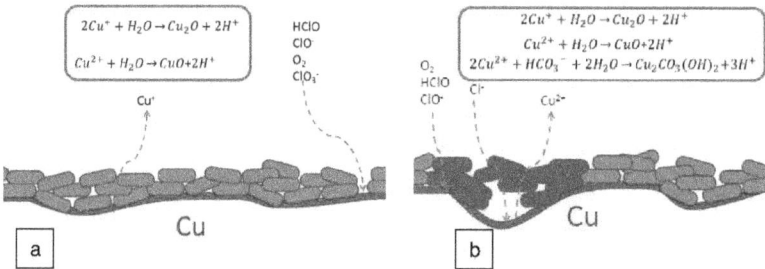

Figure 67 : Schéma du processus de corrosion du cuivre en présence de désinfectant (25 ppm EDJ) avec les équations susceptibles de former les produits de corrosion **[171]** identifiés à 70°C (a) et à 50°C (b).

L'injection de filmogène paraît aussi accélérer l'apparition des produits de corrosion avec le cuivre en état d'oxydation +2 et donc le processus de corrosion du cuivre. En effet, après 2 semaines de vieillissement, les composés avec le cuivre en état d'oxydation +2 sont déjà prédominants sur les échantillons vieillis en présence de filmogène. Cependant, cette accélération n'est pas forcément pénalisante pour le cuivre car la couche de produits de corrosion formée peut former une barrière entre le métal et le milieu qui empêcherait l'oxygène et les autres espèces oxydantes d'accéder au cuivre.

5.1.3 CONCLUSION SUR LES ESSAIS DE VIEILLISSEMENT REALISES SUR LE CUIVRE EN DYNAMIQUE ET COMPARAISONS AVEC CEUX REALISES EN STATIQUE

Cette étude révèle que la température et la teneur en désinfectant de l'eau chaude sanitaire influent considérablement sur le mécanisme de dégradation du cuivre et sur les cinétiques des étapes réactionnelles caractérisant ce mécanisme.

Ainsi deux modes de corrosion ont été mis en évidence :

> ➢ **une corrosion uniforme à 70°C**, induisant la formation d'une couche d'oxyde de cuivre (ténorite/cuprite) sur les échantillons vieillis, plus une couche mixte de sulfate et chlorure de cuivre en présence de filmogène ;

> **une corrosion localisée par piqûres à 50°C**. Les principaux produits de corrosion observés dans ces cavités sont : la malachite et la chalcantite.

La corrosion par piqûres peut avoir des effets néfastes sur la durabilité du cuivre utilisé dans les canalisations d'eau chaude sanitaire car elle accélère de façon importante la dégradation des canalisations, du fait que ces cavités conduisent à une rapide diminution locale de l'épaisseur.

La corrosion uniforme est moins critique, elle a un impact sur toute la surface intérieure de la canalisation produisant des pertes d'épaisseur très faibles dans le cas étudié.

Il a été noté que **l'addition du désinfectant** accélère la corrosion du cuivre, effet déjà noté en conditions statiques.

Concernant **l'addition de filmogène**, le mode d'action de ces inhibiteurs n'a pas pu être mis en évidence à travers nos analyses. Cependant il a été constaté que les composés issus de ces « inhibiteurs » ne sont pas détectés dans les produits de corrosion et il est clair que le filmogène a un impact sur le processus de dégradation du cuivre. En conclusion, il reste difficile à dire si l'impact du filmogène sur la durabilité de la canalisation est positif ou pénalisant.

La figure 68 récapitule le processus de corrosion subit par le cuivre dans les différentes conditions étudiées (les produits de corrosion majoritaires sont marqués en gras).

Chapitre 5 : Vieillissement en
conditions dynamiques

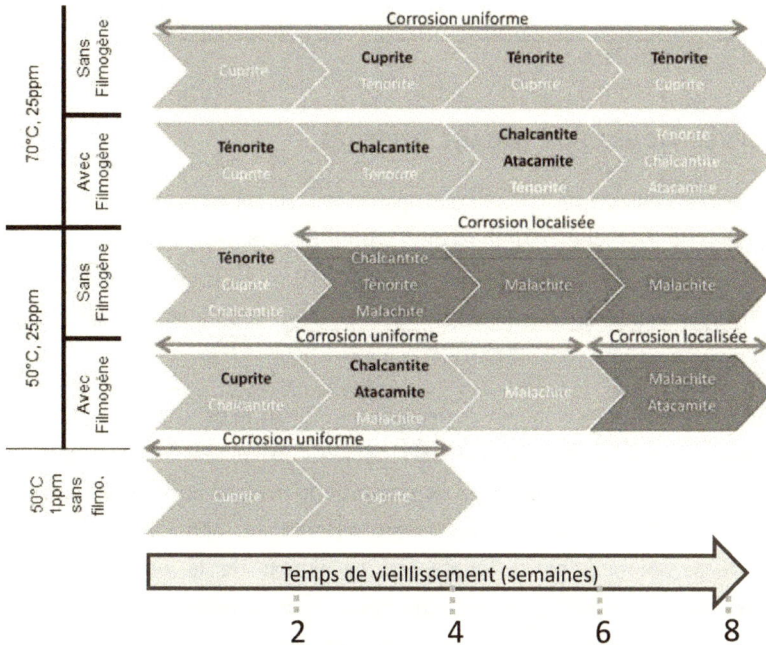

Figure 68 : Schéma récapitulant le processus de corrosion observé par les
échantillons de cuivre vieillis en dynamique.

Concernant la comparaison avec les essais préliminaires réalisés en statique, bien que les conditions ne soient pas les mêmes le vieillissement en statique a été réalisé avec 100 ppm de désinfectant tandis que le vieillissement en dynamique a été réalisé à 25 ppm. Le facteur température, à 70°C, a été testé en dynamique et en statique. Les produits de corrosion formés en statique sont les mêmes qu'en dynamique (cuprite et ténorite), la séquence et le temps de formation de ces produits sont aussi semblables. Par conséquent, dans les conditions testées, notamment, avec un renouvellement régulier de la solution, le vieillissement en conditions de stagnation n'a pas changé les modes de corrosion. Le vieillissement en conditions statiques avec un renouvellement régulier de la solution pourrait alors être utilisé pour identifier le mode et les produits de corrosion à attendre sur un système bouclé réel fonctionnant en conditions dynamiques. En revanche, le renouvellement de la solution pose des contraintes techniques et de disponibilité pour assurer un maintien de la concentration désirée en désinfectant.

5.2 PVCc VIEILLI SUR LE BANC D'ESSAIS

Le PVCc a vieilli sur le banc d'essais pendant 6 semaines à une température de 50°C et avec une chloration de 25 ppm EDJ, et pendant 8 semaines à 70°C et avec une chloration de 25 ppm EDJ. Une ligne de référence a fonctionné pendant 4 semaines à 50°C et avec une chloration de 1 ppm EDJ.

Dès les premières semaines de vieillissement, un léger changement de la couleur de la surface de manchettes en PVCc est observé (la surface des échantillons perd de la brillance et passe de la couleur noire à une couleur grise foncée). Comme pour les essais en statique, afin de détecter une éventuelle dégradation du matériau, l'évolution de la température de transition vitreuse (T_g) a été contrôlée pour détecter une éventuelle augmentation de la masse molaire, une réticulation, une absorption d'eau ou une modification chimique. L'évolution des bandes de vibration, révélatrices d'une modification moléculaire, détectées sur les spectres infrarouges a aussi été examinée.

5.2.1 EVOLUTION DE LA TEMPERATURE DE TRANSITION VITREUSE SUR LES ECHANTILLONS DE PVCc

La valeur de T_g et "la hauteur du palier" de la transition vitreuse, correspondant à l'énergie dissipée pendant la transition vitreuse, des échantillons vieillis sur le banc d'essais ont été suivies. Les échantillons testés, d'une épaisseur de ~0,1 mm, étaient prélevés sur la surface de manchettes en contact direct avec le milieu. La figure 69 présente les évolutions de ces deux paramètres en fonction de la durée de vieillissement.

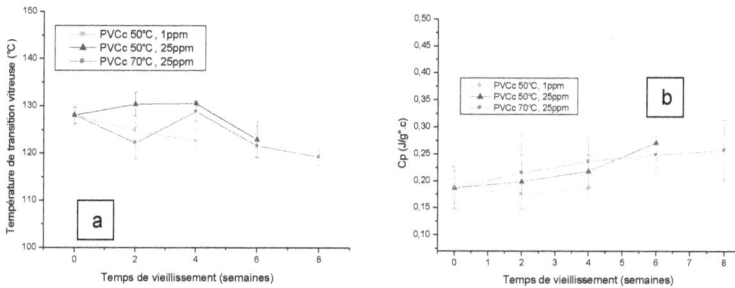

Figure 69 : Evolution de la valeur de la T_g (a) et de l'énergie dissipée
pendant la transition vitreuse (b) des échantillons vieillis sur le banc
d'essais à 70°C et 25 ppm EDJ, à 50°C et 25 ppm EDJ et à 50°C et 1 ppm
EDJ.

Les changements observés, soit sur la T_g, soit sur « la hauteur du palier »
de cette transition ne sont pas significatifs. En effet, les faibles variations
observées sur ces deux paramètres sont du même ordre de grandeur que
l'incertitude. Ainsi, la durée d'essai pratiquée pour le PVCc ne semble pas
suffisante pour mettre en évidence une dégradation significative et notable
à travers l'évolution de la T_g. La possibilité que le matériau ne se dégrade
pas, ne peut pas, non plus, être écartée.

5.2.2 EVOLUTION DU SPECTRE INFRAROUGE DE LA SURFACE DU PVCc VIEILLI SUR LE BANC D'ESSAIS

Après séchage, la surface des échantillons vieillis a été analysée par
spectroscopie infrarouge afin de détecter l'éventuelle apparition de
groupements fonctionnels, révélateurs d'une oxydation sur la surface du
polymère. Seule la surface immédiatement en contact avec l'eau
(profondeur <0,1mm) présente une évolution de son spectre infrarouge.
Les figure 70, figure 71 et figure 72 montrent les spectres résultant de
l'analyse infrarouge de la surface des échantillons verticaux vieillis sur le
banc d'essais, les spectres des échantillons horizontaux étant équivalents.

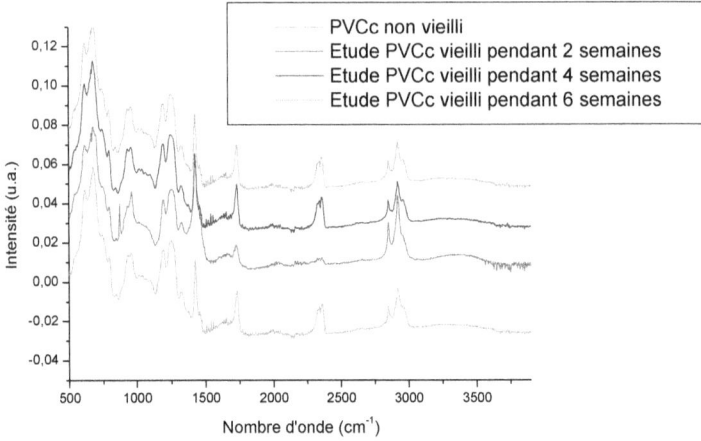

Figure 70 : Spectres infrarouges de la surface des échantillons vieillis sur le
banc d'essais à 50°C et 25 ppm EDJ.

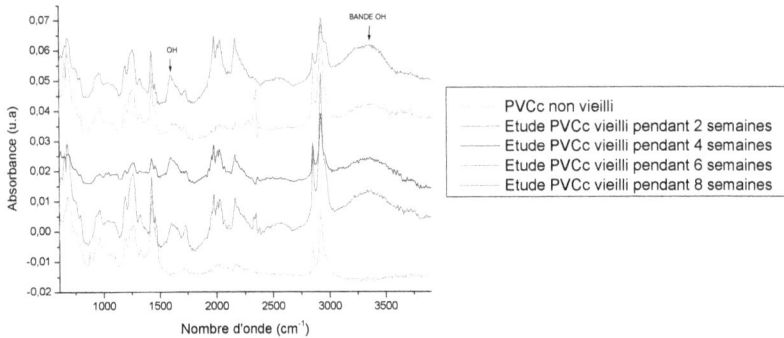

Figure 71 : Spectres infrarouges de la surface des échantillons vieillis sur le
banc d'essais à 70°C et 25 ppm EDJ.

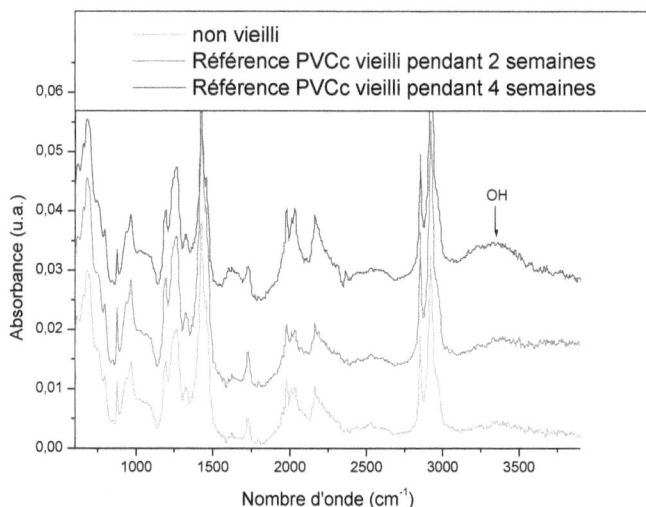

Figure 72 : Spectres infrarouges de la surface des échantillons vieillis sur le banc d'essais à 50°C et 1 ppm EDJ.

Peu de changements sont observés au cours du vieillissement sur les spectres infrarouges pris sur la surface des échantillons vieillis au banc d'essais.

L'augmentation de la température semble avoir une influence. En effet, une disparition du pic centré à 875 cm^{-1} après les premières semaines du vieillissement (le pic disparaît totalement après 4 semaines de vieillissement) sur les échantillons vieillis à 70°C est observable, un zoom de cette partie du spectre est présenté sur la figure 73. L'évolution de la bande à 875 cm^{-1} est très rapide sur les échantillons vieillis à 70°C. En revanche, sur les échantillons vieillis à 50°C, l'évolution du pic centré à 875 cm^{-1} n'est pas significative.

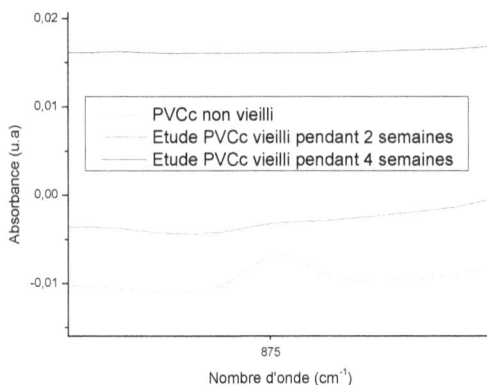

Figure 73 : Zoom sur le pic centré à 875cm^{-1} des spectres infrarouges des échantillons vieillis à 70°C et 25 ppm EDJ.

Le pic centré à 875 cm^{-1} pourrait être associé à la liaison –O-O- [149] ou à la liaison C=CH$_2$. Si le pic est associé à la liaison –O-O-, la disparition de cette liaison, caractéristique des antioxydants du PVCc [149], serait révélatrice d'une oxydation de ces additifs du PVCc. Par contre, si le pic est associé à la liaison C=CH$_2$ caractéristique du groupement vinylidène [146-148], (doubles liaisons (C=CH$_2$) se seraient formées lors de la fabrication du PVCc), sa disparition pourrait être due à l'oxydation de ces insaturations. En conclusion, l'augmentation de température paraît accélérer l'oxydation, soit des doubles liaisons soit des additifs présents dans le PVCc.

Une légère augmentation de la bande des OH lors du vieillissement pour toutes les conditions testées est à noter. Afin de comparer les différentes conditions de vieillissement, la bande des OH a été normalisée avec le pic situé à 2911 cm^{-1}, correspondant à la liaison C-H qui n'est sensée évoluer que très peu au cours du vieillissement [151] (figure 74).

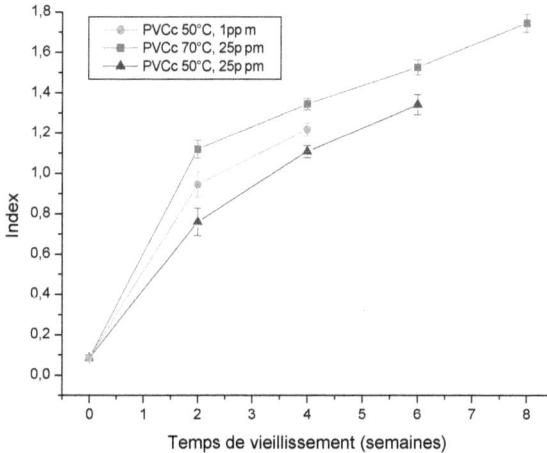

Figure 74 : Index correspondant à la bande des OH (3100-3600 cm^{-1}) des échantillons du PVCc vieillis sur le banc d'essais.

L'augmentation de l'intensité de la bande des OH est plus importante sur les échantillons vieillis à 70°C.

Le désinfectant, par contre, ne paraît pas accélérer cette augmentation. En effet, à 50°C, l'augmentation de la bande des OH est plus importante sur les échantillons vieillis à 1 ppm EDJ que sur ceux vieillis à 25 ppm EDJ.

La bande des OH est reconnue pour être un mélange d'hydropéroxyde (3430 cm^{-1}, 3370 cm^{-1}) et de groupements alcools (3600 cm^{-1}) **[153, 154, 156]**. Ces hydropéroxydes pourraient avoir leur origine dans une oxydation des doubles liaisons, déjà présentes dans le PVCc suite au processus de fabrication ou créées lors du vieillissement thermique. La formation d'hydropéroxydes sur le PVCc est donc accélérée par l'augmentation de la température. En effet, si les hydroperoxydes ont leur origine dans l'oxydation des doubles liaisons, une température plus élevée favorise l'apparition de ces doubles liaisons qui vont ensuite s'oxyder. Cependant, l'addition de l'hypochlorite de sodium ne favorise pas la formation d'hydropéroxydes. En effet, le désinfectant, ne paraît intervenir ni dans la formation des doubles liaisons ni dans l'oxydation de celles-ci.

**5.2.3 CONCLUSION DES ESSAIS REALISES SUR LE PVCc DANS LE BANC D'ESSAIS
ET COMPARAISON AVEC LES ESSAIS REALISES EN STATIQUE**

Ainsi, la durée d'essai pratiquée pour le PVCc ne semble pas suffisante pour mettre en évidence une dégradation significative et notable à travers la multiplicité des techniques de caractérisation mise en œuvre. De même, ce matériau semble présenter une très bonne tenue vis-à-vis des chocs thermiques et des fortes teneurs en espèces oxydantes. Le seul changement observé lors du vieillissement du PVCc sur le banc d'essais correspond à l'apparition des bandes attribuées aux OH en spectroscopie infrarouge. L'apparition de ces bandes des OH peut être reliée à une oxydation du polymère **[83, 149]**. Cette oxydation serait cependant, confinée à la surface du PVCc en contact avec le milieu agressif, ne dépassant pas une épaisseur de 0,1 mm.

Les essais réalisés en conditions statiques et ceux réalisés en conditions dynamiques conduisent à la même conclusion : **l'addition du désinfectant** n'est pas pénalisante pour le vieillissement du PVCc. Par contre, plusieurs travaux ont montré que l'addition d'hypochlorite de sodium peut accélérer le vieillissement d'autres polymères comme le polyéthersulfone, le polyéthylène, le polypénylène sulfure, le polybutène, *etc.* **[108, 176-179]**. Pourquoi le PVCc se comporte-il de façon différente par rapport à la plupart des autres polymères face à l'hypochlorite de sodium?

La réponse à cette question se trouve probablement liée à la composition du PVCc. Dans un polymère, les énergies de dissociation des liaisons les plus faibles déterminent le site d'attaque préférentiel **[141]**. Cependant, la nature de l'oxydant a aussi une influence **[78]**. Le PVCc est un polymère déjà partiellement chloré, et cette chloration partielle pourrait protéger le PVCc des désinfectants chlorés. Les schémas de la figure 75 comparent un PE ayant seulement des liaisons C-C et C-H face à un PVCc ayant des liaisons C-C, C-H et C-Cl, en supposant que la liaison C-H soit attaquée d'avantage. Ainsi, si l'on suppose que les sites chlorés ne sont pas susceptibles d'être attaqués par le désinfectant chloré, l'architecture du PVCc partiellement chlorée laisserait moins de sites disponibles susceptibles d'être attaqués par le désinfectant chloré. Ainsi, le PVCc serait moins sensible à l'attaque par l'hypochlorite de sodium par rapport aux autres polymères non chlorés.

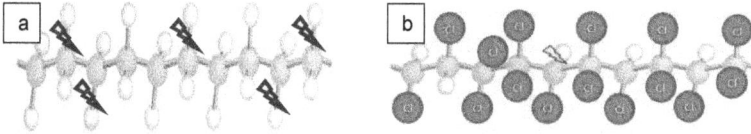

Figure 75 : Schéma représentant l'architecture d'un PE, comprenant des liaisons C-C, et C-H (a). Schéma représentant l'architecture du PVCc comprenant des liaisons C-C, C-H et C-Cl (b). Carbone en marron, hydrogène en blanc et chlore en rouge.

5.3 PERT/AL/PERT VIEILLI SUR LE BANC D'ESSAIS

Des manchettes de PERT/Al/PERT ont été vieillies au banc d'essais à 70°C et 25 ppm EDJ pendant 8 semaines, à 50°C et 25 ppm EDJ pendant 6 semaines et à 50°C et 1 ppm EDJ pendant 4 semaines.

Afin de caractériser la dégradation du polymère, la vitesse de consommation des antioxydants et la variation de cristallinité ont été mesurées sur ces manchettes à l'aide de la DSC. L'apparition des groupements fonctionnels, révélateurs d'une oxydation sur la surface du PERT a été contrôlée par spectroscopie infrarouge.

5.3.1 VITESSE DE CONSOMMATION DES ANTIOXYDANTS DU PERT VIEILLI SUR LE BANC D'ESSAIS

Le temps d'induction à l'oxydation (OIT) est le temps nécessaire pour consommer tous les antioxydants à une température donnée. Ce temps est évidement proportionnel à la concentration des antioxydants dans le polymère. La vitesse de consommation des antioxydants a été mesurée sur des échantillons correspondants à la surface du PERT (profondeur <0,1 mm). Quelques manchettes, ont été usinées afin de pouvoir caractériser la perte des antioxydants dans l'épaisseur du PERT. Les résultats présentés par la suite correspondent à l'analyse des manchettes verticales ; les

surfaces de quelques échantillons des manchettes horizontales ont été aussi
testées et les résultats concordent.

La figure 76 montre l'évolution de l'OIT sur la surface du PERT (profondeur
<0,1 mm), pour toutes les conditions de vieillissement testées.

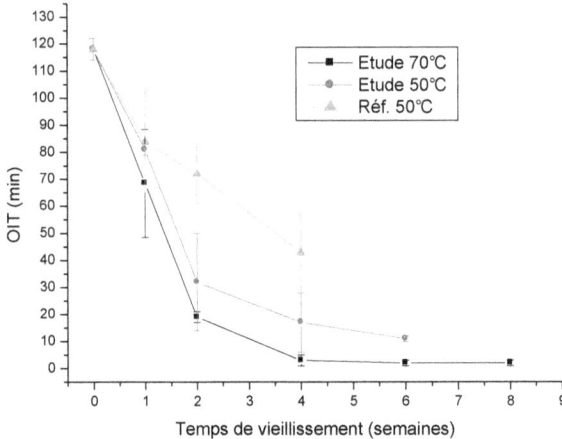

Figure 76 : Evolution de l'OIT sur la surface du PERT vieilli à 70°C et 25
ppm EDJ (Etude 70°C), vieilli à 50°C et 25 ppm EDJ (Etude 50°C) et vieilli à
50°C et 1 ppm EDJ (Réf. 50°C).

La consommation des antioxydants en surface est très rapide. Après 4
semaines, il reste environ 10% des antioxydants présents initialement dans
le polymère sur l'échantillon vieilli à 50°C et 25 ppm EDJ. Sur l'échantillon
vieilli à 70°C et 25 ppm EDJ ils restent également moins de 10% de la
quantité initiale des antioxydants après 4 semaines de vieillissement.
Finalement, l'échantillon vieilli à 50°C et 1 ppm EDJ montre la vitesse de
consommation d'antioxydants la moins importante, puisqu'en effet, après 4
semaines de vieillissement la quantité des antioxydants est encore
supérieure à 40% de la quantité initiale.

Les échantillons testés à 25 ppm EDJ montrent une vitesse de
consommation des antioxydants plus élevée que ceux testés à 1 ppm EDJ.
Par conséquent, le désinfectant réagit avec les antioxydants en les
consommant d'avantage à 25 ppm qu'à 1 ppm EDJ, confirmant les résultats
déjà observés sur les essais en stagnation.

Chapitre 5 : Vieillissement en conditions dynamiques

Concernant la température, la vitesse de consommation d'antioxydants est légèrement accélérée à 70°C, ceci peut être dû au fait que les réactions entre les oxydants et les antioxydants sont, comme la plupart des réactions chimiques, activées par la température. Mais, ceci peut être aussi dû au fait qu'à 70°C, il y aura plus d'oxydant disponible pour réagir avec les antioxydants du polymère. En effet, la concentration de désinfectant (HClO et ClO⁻) est maintenue constante. A 70°C une partie des espèces HClO et de ClO⁻ va se transformer en ions chlorates (ClO_3^-) selon les réactions :

$3HClO \rightarrow ClO_3^- + 2Cl^- + 3H^+$ et $3ClO^- \rightarrow ClO_3^- + 2Cl^-$ (voir chapitre 3). Les ions chlorate, étant aussi des oxydants, peuvent réagir avec les antioxydants du polymère. Il aura donc, plus d'oxydants disponibles pour réagir avec les antioxydants du polymère à 70°C.

Les résultats des essais de vieillissement réalisés en conditions statiques montraient une consommation des antioxydants sensiblement plus lente. En effet, à une température de 70°C et une concentration du désinfectant de 25 ppm EDJ, après 31 jours de vieillissement, l'OIT était encore largement au-dessus de la valeur limite des 10%. Un vieillissement de 70 jours est alors nécessaire, pour trouver de valeurs d'OIT en dessous des 10%. Cela signifie que le vieillissement en dynamique a accéléré la consommation des antioxydants d'environ un facteur 2. Cette accélération peut s'expliquer par la différence de pH des solutions : 7,2 en dynamique et 9,3 en statique. En effet, à pH 7,2 le désinfectant contient ~10 ppm de HClO et ~ 15 ppm de ClO⁻. En revanche, le HClO, qui est le plus fort oxydant, ne sera pas présent à pH égal à 9,3. De plus, lors des essais en dynamique, la concentration de désinfectant est maintenue en permanence, tandis que lors des essais en statique, la concentration de désinfectant baisse entre les renouvellements d'eau successifs. Ces derniers seraient responsables de la consommation des antioxydants plus importante en dynamique qu'en statique.

L'usinage fait sur quelques échantillons ayant vieilli sur le banc d'essais nous a permis de tracer des profils de concentration des antioxydants en fonction de l'épaisseur de la couche interne du tube. Les figure 77 et figure 78 montrent ces profils pour les échantillons vieillis à 70°C et 25 ppm EDJ, 50°C et 25 ppm EDJ et à 50°C et 1 ppm EDJ.

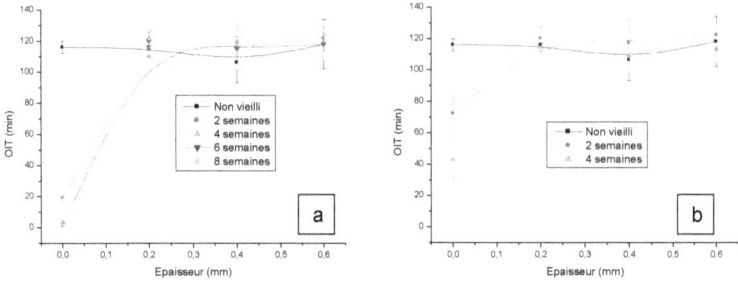

Figure 77 : Profils de concentration des antioxydants des échantillons de
PERT vieillis à 70°C et 25 ppm EDJ (a), et 50°C et 1 ppm EDJ (b).

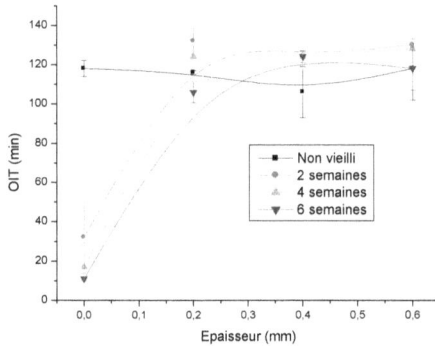

Figure 78 : Profils de concentration des antioxydants des échantillons de
PERT vieillis à 50°C et 25 ppm EDJ.

Comme il a déjà été observé lors des essais en statique, la consommation des antioxydants reste localisée à la surface immédiatement en contact avec l'eau puisque la profondeur atteinte est inférieure à 0,2 mm (inférieure à 7% de l'épaisseur totale de la couche interne du tube). Par conséquent, les espèces oxydantes doivent avoir une diffusivité très limitée dans le polymère, et les réactions de consommation des antioxydants se produisent principalement en surface.

Cependant, la possibilité que les espèces oxydantes soient très réactives vis-à-vis du polymère ne peut pas être totalement écartée. En effet, une réactivité importante des espèces agressives issues du désinfectant avec le polymère empêcherait l'avance du front d'attaque, car les espèces agressives seraient consommées très rapidement en contact avec le polymère.

Une fois les antioxydants consommés, le polymère n'est plus protégé. Par conséquent, à cet état, c'est le polymère lui-même qui va se dégrader, cette dégradation, peut être mise en évidence par une augmentation de la cristallinité ou par l'apparition des produits d'oxydation. C'est pourquoi l'évolution de ces deux paramètres sera présentée.

5.3.2 EVOLUTION DE LA CRISTALLINITE ET DE LA TEMPERATURE DE FUSION DU PERT VIEILLI

L'analyse par DSC du pic de fusion du PERT permet de relever plusieurs informations. En effet, l'aire du pic de fusion est proportionnelle à la cristallinité du PERT. L'allure du pic de fusion permet d'obtenir des informations sur les populations cristallines présentes dans le polymère et la température de fusion informe sur la taille de cristallites.

Les échantillons testés sont issus de la surface du PERT en contact avec l'eau et ont une épaisseur inférieure à 0,1 mm.

Une évolution de l'aspect du pic de fusion est indicatrice du vieillissement. En effet, les coupures de chaînes produisent de nouvelles populations de cristaux qui changent l'aspect du pic de fusion. Cependant, l'aspect du pic de fusion des échantillons de PERT ne subit pas de changement lors du vieillissement ni à 70°C et 25 ppm EDJ, ni à 50°C et 25 ppm EDJ et ni à 50°C et 1 ppm EDJ.

La cristallinité est proportionnelle à l'aire du pic de fusion. Les figure 79a et figure 79b présentent respectivement les évolutions de l'aire sous le pic de fusion et de la température de fusion en fonction de la durée de vieillissement.

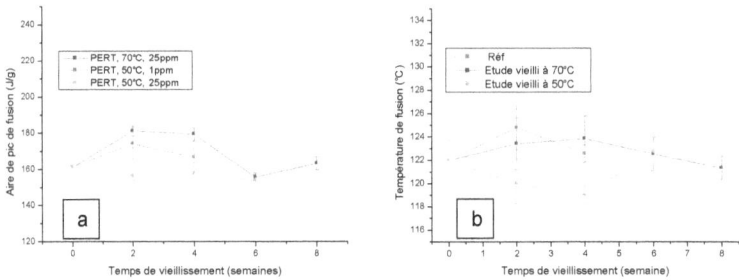

Figure 79 : Evolution de l'aire du pic de fusion (a) et de la température de
fusion du PERT lors du vieillissement au banc d'essais (b).

Les variations observées sur la cristallinité et sur la température de fusion
ne semblent pas significatives. Par conséquent, soit le polymère n'a pas
subi de coupures de chaîne, soit, s'il y a eu des coupures des chaînes, elles
ne sont pas présentes sur une épaisseur assez importante pour être
détectées sur les échantillons testés en DSC (épaisseur de ~0,1 mm).

5.3.3 EVOLUTION DES SPECTRES INFRAROUGES DE LA SURFACE DU PERT VIEILLI SUR LE BANC D'ESSAIS

Au cours de la dégradation du polymère, des produits d'oxydation peuvent
se former. Afin de détecter l'apparition de ces produits, la spectrométrie
infrarouge a été employée.

Les spectres infrarouges de la surface des échantillons vieillis présentent
quelques variations par rapport au spectre infrarouge du PERT non vieilli.
Cependant, ces variations sont observées principalement sur la surface en
contact avec l'eau. En effet, des échantillons à des profondeurs supérieures
à 0,1 mm ont aussi été analysés sans montrer de changement par rapport à
l'échantillon non vieilli. Les spectres présentés par la suite correspondent
donc, à la surface immédiatement en contact avec l'eau. La figure 80
présente l'évolution des spectres infrarouges de la surface des échantillons
vieillis sur le banc d'essais.

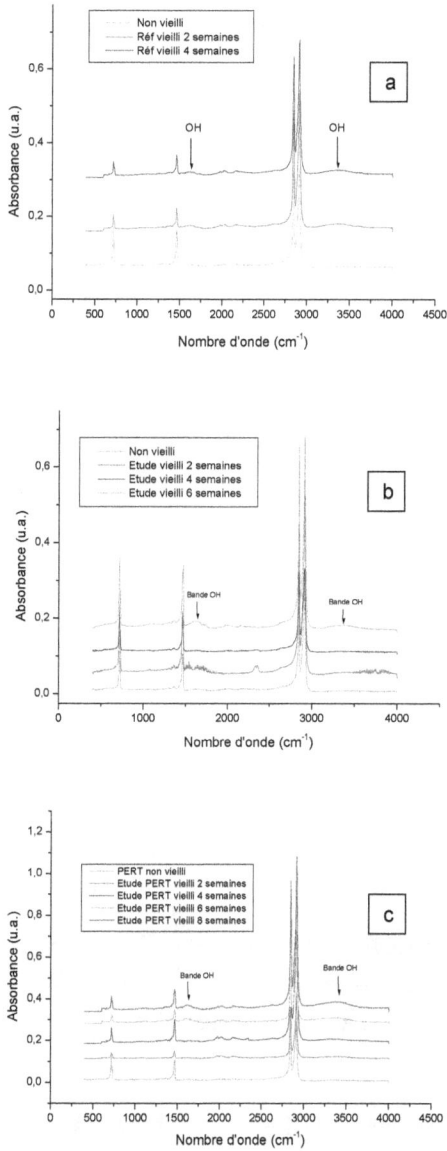

Figure 80 : Evolution des spectres infrarouges des échantillons de PERT
vieillis à 50°C et 1 ppm EDJ (a), 50°C et 25 ppm EDJ (b) et 70°C et 25 ppm
EDJ (c).

Une augmentation des bandes correspondant aux OH est observée sur les spectres infrarouges pour toutes les conditions de vieillissement. L'apparition du groupement OH est probablement reliée à la création des hydroperoxydes. En effet, la propagation de la dégradation d'une polyoléfine peut avoir lieu par arrachement d'hydrogène, en formant des hydroperoxydes ($ROO^{\bullet} + RH \rightarrow ROOH + R^{\bullet}$) **[94]**.

Afin de pouvoir comparer entre les différentes conditions et tenir compte des différents temps de vieillissement, nous avons calculé un index adimensionnel en normalisant avec le pic situé à 2917 cm^{-1} correspondant à la liaison C-H qui évolue très peu au cours du vieillissement **[151, 152]**. Les deux bandes correspondants aux groupes OH (à ~3300 cm^{-1} et à ~1600 cm^{-1}) ont été normalisées et les évolutions de ces index sont présentées sur la figure 81.

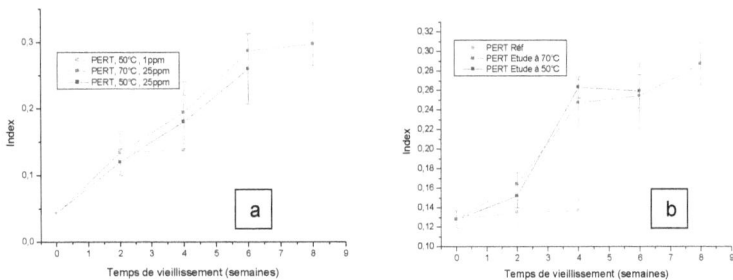

Figure 81 : Index correspondants à l'évolution des bandes infrarouges centrées à 3300 cm^{-1} (a) et 1600 cm^{-1} (b).

D'après la figure précédente, l'élévation de température de 50°C à 70°C n'a pas une influence notable sur la formation des hydroperoxydes. En effet, les courbes correspondantes au vieillissement à 25 ppm EDJ, qui a été réalisé à 50°C et à 70°C sont quasiment confondues.

En revanche, la référence (50°C et 1 ppm EDJ), montre un comportement différent après 4 semaines de vieillissement. En effet, il apparaît que la formation des hydroperoxydes est activée par l'augmentation de la concentration de désinfectant. Ce résultat serait en accord avec celui observé avec les essais en statique. Malheureusement, des prélèvements à des temps de vieillissement plus longs n'ont pas pu être réalisés afin de confirmer ce comportement. Malgré l'absence de ces prélèvements à des temps de vieillissement plus longs, un mécanisme probable d'interaction du désinfectant avec le polymère qui puisse expliquer cette accélération est proposé par la suite.

La formation de radicaux peroxydes serait à l'origine de l'apparition des hydroperoxydes (équation 37)

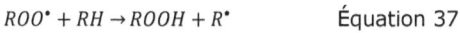

$$ROO^{\bullet} + RH \rightarrow ROOH + R^{\bullet}$$ Équation 37

Le désinfectant peut participer à la formation des radicaux peroxydes par l'intermédiaire des équations 38, 39 et 40 :

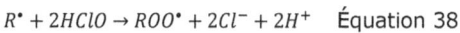

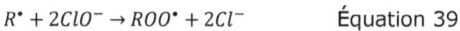

$$R^{\bullet} + 2HClO \rightarrow ROO^{\bullet} + 2Cl^{-} + 2H^{+}$$ Équation 38

$$R^{\bullet} + 2ClO^{-} \rightarrow ROO^{\bullet} + 2Cl^{-}$$ Équation 39

$$2R^{\bullet} + 2ClO_3^{-} \rightarrow 3ROO^{\bullet} + 2Cl^{-}$$ Équation 40

Une augmentation de la concentration de désinfectant augmenterait les espèces oxydantes susceptibles de réagir avec les radicaux alkyls pour former des radicaux peroxydes. Ceci impliquerait une augmentation de la concentration des radicaux peroxydes. Finalement les radicaux peroxydes formeraient, par arrachement (équation 37) des hydroperoxydes. Par conséquent, le désinfectant participerait de façon indirecte dans la formation des hydroperoxydes.

Les espèces chargées comme ClO^{-} et ClO_3^{-} vont difficilement diffuser dans le polymère (non chargé) **[97]**, ceci pourrait contribuer à expliquer que la dégradation du polymère reste confinée à une faible épaisseur (<0,1 mm).

5.3.4 CONCLUSION SUR LES ESSAIS DE VIEILLISSEMENT REALISES SUR LE PERT

Les essais réalisés sur le PERT en conditions dynamiques nous ont montré une rapide consommation des antioxydants et l'apparition d'une bande attribuée aux groupements OH en spectroscopie infrarouge. Ce sont des indicateurs de vieillissement qui ont déjà été relevés lors des essais en stagnation. En effet, le mode de dégradation du PERT semble être le même en conditions dynamiques et en conditions statiques. Par conséquent, le vieillissement réalisé en conditions statiques avec un renouvellement fréquent de la solution peut reproduire le vieillissement en conditions dynamiques.

L'augmentation de la concentration de désinfectant semble accélérer la dégradation du PERT en agissant sur l'étape de propagation du schéma de dégradation accepté pour les polyoléfines. En effet, des espèces oxydantes issues du désinfectant peuvent accélérer la consommation des antioxydants, et une fois les antioxydants consommés, la dégradation du polymère se produit :

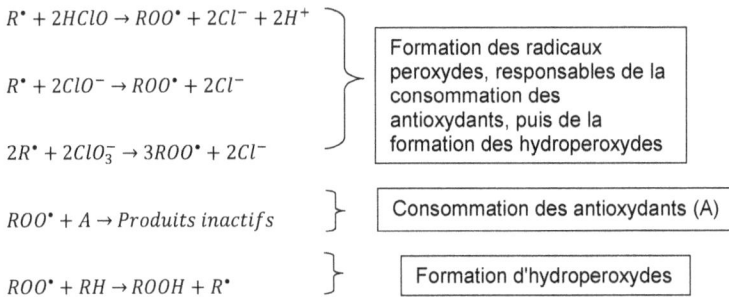

$$R^{\bullet} + 2HClO \rightarrow ROO^{\bullet} + 2Cl^- + 2H^+$$

$$R^{\bullet} + 2ClO^- \rightarrow ROO^{\bullet} + 2Cl^-$$

$$2R^{\bullet} + 2ClO_3^- \rightarrow 3ROO^{\bullet} + 2Cl^-$$

Formation des radicaux peroxydes, responsables de la consommation des antioxydants, puis de la formation des hydroperoxydes

$$ROO^{\bullet} + A \rightarrow Produits\ inactifs$$

Consommation des antioxydants (A)

$$ROO^{\bullet} + RH \rightarrow ROOH + R^{\bullet}$$

Formation d'hydroperoxydes

La séquence de dégradation du PERT décrite précédemment resterait encore valide : d'abord, les antioxydants sont consommés à la surface du PERT, ensuite, il y a une oxydation progressive de la surface, qui donne lieu à des coupures de chaînes. Cette oxydation de la surface serait caractérisée :

     a. tout d'abord, par l'apparition des groupements OH sur la surface du PERT ;

Chapitre 5 : Vieillissement en
conditions dynamiques

b. ensuite, par l'apparition d'autres groupements caractérisant l'oxydation du polymère, notamment les groupements vinylidène et ester-éther;

c. finalement, le nombre de coupures de chaîne serait assez important pour induire des changements dans la cristallinité du PERT.

La figure 82 schématise le processus qui vient d'être décrit.

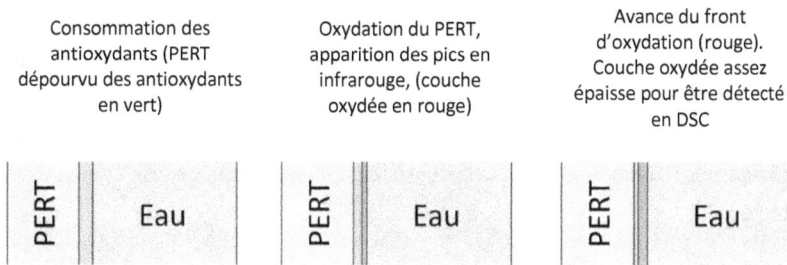

Consommation des antioxydants (PERT dépourvu des antioxydants en vert)	Oxydation du PERT, apparition des pics en infrarouge, (couche oxydée en rouge)	Avance du front d'oxydation (rouge). Couche oxydée assez épaisse pour être détecté en DSC
PERT | Eau	PERT | Eau	PERT | Eau

Figure 82 : Représentation schématique du processus de dégradation du PERT observée lors des essais réalisés.

Après 270 jours de vieillissement en statique, quelques échantillons testés ont atteint des changements de cristallinité. Après 56 jours de vieillissement en dynamique, la dégradation que nous avons observée s'arrête à l'apparition de la bande des OH.

5.4 CONCLUSION SUR LES ESSAIS REALISES SUR LE BANC D'ESSAIS

L'originalité de ce travail repose sur la réalisation d'essais de vieillissement sur un banc d'essais à échelle 1. En effet, afin d'avoir une représentativité importante par rapport au vieillissement de canalisations en conditions réelles d'exploitation, la réalisation des essais de vieillissement en conditions dynamiques est nécessaire.

Des manchettes issues des canalisations en cuivre, PVCc et PERT/Al/PERT ont alors été testées en dynamique en se servant d'un banc d'essais construit pour cet objectif. Le vieillissement a été réalisé à des températures de 50°C et 70°C et à des concentrations de désinfectant de 1 ppm EDJ et 25 ppm EDJ pendant 8 semaines. L'influence d'un inhibiteur (traitement filmogène) sur la vitesse de corrosion du cuivre a aussi été testée.

Le vieillissement en dynamique a confirmé les indicateurs de vieillissement obtenus lors des essais de vieillissement en conditions statiques. Le vieillissement en statique, avec un renouvellement fréquent de la solution, ne change pas les modes de dégradation des matériaux testés. Néanmoins, le renouvellement de la solution doit être régulier pour assurer un maintien de la concentration en désinfectant, et ceci impose de fortes contraintes techniques et de disponibilité.

Les résultats semblent indiquer que **l'addition de désinfectant** est pénalisante vis-à-vis de la dégradation du cuivre et du PERT. En effet, concernant le cuivre, l'augmentation de la concentration de désinfectant (de 1 ppm EDJ jusqu'à 25 ppm EDJ) a provoqué le passage d'un mode de corrosion uniforme vers un mode de corrosion par piqures. De plus, les produits de corrosion majoritaires observés par spectroscopie Raman et DRX à 50°C avec une chloration à 1 ppm EDJ sont des oxydes de cuivre tandis qu'à une concentration de 25 ppm EDJ sont des carbonates de cuivre. Au niveau du PERT, l'augmentation de la concentration de désinfectant accélère la cinétique de consommation des antioxydants (mesuré par l'OIT), et la cinétique de formation d'hydroperoxydes (mesuré par spectroscopie infrarouge). En revanche, la vitesse de dégradation du

PVCc ne se voit pas affectée par l'augmentation de la concentration de désinfectant de 1 jusqu'à 25 ppm EDJ.

L'augmentation de la température de 50°C à 70°C accélère légèrement la dégradation des deux matériaux polymères testés (cinétique de consommation des antioxydants et cinétique de formation d'hydroperoxydes). Au niveau du cuivre, un mode de corrosion par piqûres (très pénalisant pour la durabilité de la canalisation) a été mis en évidence à 50°C tandis, qu'à 70°C la corrosion du cuivre était uniforme (avec une chloration à 25 ppm EDJ).

Les conditions dynamiques présentent un effet marqué sur la dégradation des matériaux, par exemple en termes de cinétique de corrosion pour les matériaux métalliques ou en termes de consommation accélérée des antioxydants pour le PERT. Il s'avère intéressant de réaliser des essais de vieillissement sur des durées plus longues afin de confirmer ces résultats. Cette approche innovante permet également d'entrevoir des essais sur des matériaux ayant déjà vieillis dans des réseaux réels d'eau chaude sanitaire.

6. DISCUSSION GENERALE SUR LES ESSAIS DE VIEILLISSEMENT

Des canalisations en cuivre, acier galvanisé, PVCc et PERT/Al/PERT ont été testés, avec des essais de vieillissement accéléré en conditions statiques. Ces essais se sont déroulés à 70°C en utilisant une gamme de concentration d'hypochlorite de sodium allant de 1 ppm jusqu'à 1000 ppm. A l'exception de l'acier galvanisé, les mêmes matériaux ont été testés en conditions dynamiques pendant une durée allant jusqu'à 8 semaines à 50°C et 70°C en utilisant des concentrations d'hypochlorite de sodium de 1 et 25 ppm.

Au niveau pratique, les essais de vieillissement réalisés sur les différents matériaux nous permettent de tirer certaines conclusions. Evidemment, ces conclusions seront seulement valides dans des conditions proches de celles de nos essais. En effet, les matériaux pourraient se comporter de façon distincte en contact avec une qualité d'eau différente.

Au niveau du **cuivre**, il a été montré que l'addition d'hypochlorite de sodium a un effet négatif sur la durabilité, notamment, des concentrations élevées d'hypochlorite de sodium peuvent favoriser un mode de corrosion par piqûres à 50°C. Concernant la température, une augmentation de température (jusqu'à 70°C) ne semble pas être en revanche, pénalisante par rapport à la durabilité du cuivre (avec une concentration en chlore libre de 25 ppm EDJ).

Au niveau de **l'acier galvanisé**, l'addition d'hypochlorite de sodium semble avoir un effet négatif par rapport à la durée de vie de la canalisation.

Au niveau du **PVCc**, la dégradation observée reste très faible pour toutes les conditions. Cependant, la température pourrait accélérer la dégradation. De son côté, l'addition d'hypochlorite de sodium n'a pas d'effets négatifs sur la vitesse de dégradation du PVCc.

Finalement, concernant le **PERT**, l'addition d'hypochlorite de sodium augment sa vitesse de dégradation. L'augmentation de température ne semble pas être très pénalisante sur la dégradation du PERT.

Discussion générale sur les essais de
vieillissement

En conclusion, les traitements de désinfection curatifs en température devront être privilégiés sur les installations en cuivre ou en PERT. En revanche, les traitements de désinfection chimiques avec de l'hypochlorite de sodium devraient être privilégiés sur les installations en PVCc.

Enfin, pour les installations qui sont désinfectées souvent et indistinctement avec des traitements chimiques et thermiques, le matériau qui semble résister le mieux aux conditions agressives est le PVCc. Par conséquent, d'un point de vue strict de la pérennité des matériaux, le PVCc serait le matériau le plus adapté pour les installations avec des contraintes spéciales comme les hôpitaux.

CONCLUSION ET PERSPECTIVES

Les réseaux d'eau chaude sanitaire peuvent créer des conditions favorables au développement des bactéries lorsqu'il y a des défauts de conception ou d'exploitation. Afin de lutter contre le développement de bactéries et de maintenir une qualité d'eau conforme à la législation, des traitements de désinfection peuvent être mis en œuvre dans ces réseaux. Cependant, ces traitements peuvent avoir un impact sur la durabilité des matériaux des canalisations. Afin d'étudier l'impact des traitements de désinfection sur la durabilité des canalisations d'eau chaude sanitaire, des essais de vieillissement ont été réalisés en statique et en dynamique à des températures de 50°C et 70°C et avec des concentrations d'hypochlorite de sodium comprises entre 0 et 1000 ppm. Pour réaliser les essais de vieillissement en dynamique, un banc d'essais à l'échelle 1 a été conçu et construit. Les matériaux testés ont été le cuivre et l'acier galvanisé, car ce sont les deux matériaux les plus utilisés historiquement, le PVCc qui est un matériau polymère largement installé également et enfin le PERT/Al/PERT matériau récemment apparu dans la famille des matériaux multicouches de type sandwich.

Le désinfectant étudié a été l'hypochlorite de sodium. Par contre, la chimie de ce produit n'étant pas bien connue à des températures au-dessus de 50°C, ceci a motivé une étude approfondie sur ce sujet. L'étude sur la chimie de l'hypochlorite de sodium nous a permis de tracer les diagrammes de répartition des espèces de ce produit à des températures de 50°C et 70°C. Ces diagrammes ont montré qu'à un pH donné, l'augmentation de température diminue le pourcentage d'acide hypochloreux $HClO$ en solution et donc, l'efficacité du traitement de désinfection. Pour cela, les chocs thermo-chlorés sont donc à éviter. La cinétique de dégradation de l'hypochlorite de sodium a été aussi étudiée. La formation d'ions chlorate au cours du temps a été mise en évidence à 70°C. En présence de cuivre, cette formation est catalysée, cependant la cinétique de formation reste encore lente et la fraction d'ions chlorates formés reste faible notamment en regard de la consommation de l'hypochlorite due aux réactions d'oxydo-réduction se produisant au niveau du cuivre. En plus, à pH 7, et spécialement à pH 4, la consommation de l'hypochlorite de sodium est très rapide car celui-ci réagit avec le cuivre pour l'oxyder.

Les essais de vieillissement réalisés sur le cuivre ont montré que celui-ci est peu sensible à l'élévation de la température entre 50°C et 70°C, en présence de désinfectant. Cependant, l'ajout de désinfectant peut être très pénalisant en faisant basculer un mode de corrosion uniforme vers un mode de corrosion par piqûres. Par ailleurs, il a été observé que l'hypochlorite de sodium (25 ppm EDJ) est plus agressif face au cuivre à 50°C qu'à 70°C. En outre, la séquence d'apparition des produits d'oxydation à 50°C et à 70°C a été décelée.

Concernant l'acier galvanisé, les résultats montrent que l'ajout de désinfectant accélère la corrosion sur ce matériau, malheureusement, seuls des essais en statique ont été réalisés, donc extrapoler ces conclusions vers un réseau réel reste délicat.

Le PVCc s'est révélé très résistant aux traitements de désinfection, même dans les conditions de vieillissement les plus agressives. L'hypochlorite de sodium ne semble pas être un agent oxydant face au PVCc pour les durées de vieillissement appliquées. Toutefois, l'apparition des groupements OH (lié à la formation d'hydropéroxydes) a été identifiée comme l'un des premiers symptômes de dégradation du PVCc dans l'eau chaude sanitaire.

Finalement, le PERT s'est montré sensible à l'hypochlorite de sodium à des concentrations élevées (à partir de 25 ppm). Un effet de seuil sur la vitesse de dégradation du PERT a été observé à partir de 25 ppm de concentration de désinfectant. La dégradation du PERT est caractérisée par une consommation des antioxydants suivie par la formation des hydroperoxydes. La dégradation du PERT reste très limitée en épaisseur. En effet, le front d'attaque reste confiné à une épaisseur inférieure à 0,2 mm. Cette épaisseur dégradée n'est pas suffisante pour fragiliser la canalisation. Néanmoins, des essais complémentaires devraient être menés pour observer, dans le temps, l'impact de cette couche oxydée sur la pérennité de la canalisation. En outre, l'augmentation de la température de 50°C à 70°C ne semble pas être pénalisante pour ce matériau.

Au niveau pratique, le cuivre s'avère être le matériau le plus adapté pour supporter des températures élevées (70°C), ce qui indique que sur les réseaux d'eau chaude sanitaire en cuivre, les traitements thermiques de désinfection devraient être privilégiés. Le PVCc semble être le matériau le plus résistant à l'hypochlorite de sodium ; par conséquent, sur des installations en PVCc les traitements de désinfection chimiques avec de l'hypochlorite de sodium devraient être privilégiés. D'une manière générale, le matériau qui se montre le plus résistant aux conditions agressives, comportant des températures élevées et des concentrations importantes en hypochlorite de sodium, est le PVCc.

En outre, la chloration en continue à 1 ppm ne semble pas avoir un impact sur la durabilité du PVCc, du PERT ou du cuivre.

Evidemment, ces conclusions sont limitées aux conditions de qualité d'eau proches de celles de nos essais. En effet, il reste délicat d'extrapoler ces résultats à des systèmes avec des qualités d'eau, des concentrations de désinfectant ou des températures différentes. La durée des essais est aussi une limitation de cette étude, en effet, les essais en dynamique n'ont eu lieu que pendant 8 semaines. Alors, la possibilité que la vitesse de dégradation des matériaux n'a pas atteint un état stationnaire ne peut être écartée.

Par conséquent, à l'avenir, il s'avère intéressant de réaliser des essais de vieillissement sur des durées plus longues afin de confirmer ces résultats. Il serait aussi intéressant de valider ces résultats sur des qualités d'eau différentes afin de voir l'influence de certains paramètres comme par exemple la dureté ou la conductivité de l'eau, sur l'impact des traitements de désinfection sur les canalisations.

Il a été observé sur le cuivre, que coupler l'augmentation de température avec l'augmentation de la concentration de désinfectant n'accélère pas forcément le vieillissement sur ce matériau. Une méthode de vieillissement accéléré pour les métaux comportant une cellule électrochimique dans laquelle la corrosion du métal est accélérée au moyen d'une polarisation anodique pourrait être envisagée.

Une étude plus axée sur l'objectif de proposer des stratégies de traitement de désinfection permettant d'assurer la pérennité des matériaux des canalisations pourrait démarrer sur la base des expériences réalisées lors de ce travail en évaluant d'autres traitements de désinfection utilisés sur le terrain.

LISTE DES REFERENCES

[1] Correc O. Approche possibiliste de prédiction des risques de dégradation des réseaux de distribution d'eau à l'intérieur des bâtiments. Paris: Université de Marne-La Vallée; 2005.

[2] Rogers H, Norris M, James H. Effects of materials of construction on tastes and odours in drinking water. Reviews in Environmental Science and Biotechnology. 2004;3:23-32.

[3] CSTB. Guide technique de conception et mise en oeuvre du centre scientifique et technique du bâtiment2003.

[4] Konishi T, Yamashiro M, Koide M, Nishhizono A. Influence of temperature on growth of Legionella pneumophila biofilm determined by precise temperature gradient incubator. Journal of bioscience and bioengineering. 2006;101:478-84.

[5] Kim B, Anderson R, Mueller J.E., Gaines S.A., W. A. Kendall W.A. Literature review efficacy of various disinfectants against Legionella in water systems. Water Research. 2002;36:4433-44.

[6] Berthelot N, Bouteleux C, Personnaz V, Benanou D, Oberti S. Evaluation de la formation de sous-produits de chloration en réseaux d'eau chaude sanitaire sous chloration continue. Journées information Eaux. Poitiers2008.

[7] Durliat G, Vignes JL, Joffin JN. L'eau de Javel sa chimie et son action biochimique. Bulletin de l'union des physiciens. 1997;91:451-71.

[8] Chemical-Company D. PERT : quelques questions courantes. Dow-Chemical-Company; 2008. p. 2.

[9] Guérit G. "Réseaux-Les matériaux de synthèses mènent la vie dure au cuivre", "PVC eau froide : ils ont trouvés leur marchés". Journal du chauffage et du sanitaire2007.

[10] CSTB/DGS. Maîtrise du risque de développement des légionelles dans les réseaux d'eau chaude sanitaire, Guide technique hydraulique : Défaillances et préconisations. Bâtir le développement durable. Paris: CSTB; 2011.

[11] Code_de_la_sante_publique. Articles R. 1321-1 à 62 + annexes.

[12] Circulaire DGS/SD7A/SD5C-DHOS/E4 n°2002/243 du 22 avril 2002 relative à la prévention du risque lié aux légionelles dans les établissements de santé. 2002.

[13] CSNEJ. Dossier L'eau de javel solution aqueuse d'hypochlorite de sodium. Chambre Syndicale Nationale de l'Eau de Javel. Neuilly sur Seine2006. p. 25.

[14] Pourbaix. Atlas of electrochemical equilibria in aqueous solutions. Houston (U.S.A.): CE International Cebelcor; 1974.

[15] Schock MR. Effect of pH, DIC, Orthophosphate and sulfate on Drinking Water Cuprosolvency. EPA/600/R-95/085 ed1995.

[16] Adam LC, Gordon G. Hypochlorite ion decomposition: Effects of temperature, ionic strength and chloride ion. American chemical society Inorganic Chemistry. 1999;38:1299-304.

[17] Su YS, Morrison Iii DT, Ogle RA. Chemical kinetics of calcium hypochlorite decomposition in aqueous solutions. Journal of Chemical Health and Safety. 2009;16:21-5.

[18] Qin GF, Li ZY, Chen XD, Russell AB. An experimental study of an NaClO generator for anti-microbial applications in the food industry. Journal of Food Engineering. 2002;54:111-8.

[19] Joffin JN. Hypochlorites et eaux de javel unités de concentration, préparation des solutions désinfectantes. Opéron XXI. 1996;2:1,17.

[20] Lister MW. Decomposition of sodium hypochlorite: the uncatalyzed reaction. Canadian journal chemistry. 1956;34:465-78.

[21] Lister MW. The decomposition of hypochlorous acid. Canadian journal chemistry. 1952;30:879-89.

[22] Gordon G, Adam LC, Bubnis BP, Kuo C, Cushing RS, Sakaji RH. Predicting liquid bleach decomposition. American water works association. 1997;89:142-9.

[23] Gaudichet-Maurin E. Caractérisation et vieillissement d'une membrane d'ultrafiltration d'eau. Paris: Ecole Nationale Supérieure d'Arts et Métiers Centre de Paris; 2005.

[24] Fukatsu K, Kokot S. Degradation of poly(ethylene oxide) by electro-generated active species in aqueous halide medium. Polymer Degradation and Stability. 2001;72:353-9.

[25] Wienk IM, Meuleman EEB, Borneman Z, Van Den Boomgaard T, Smolders CA. Chemical treatment of membranes of a polymer blend: Mechanism of the reaction of hypochlorite with poly(vinyl pyrrolidone). Journal of Polymer Science Part A: Polymer Chemistry. 1995;33:49-54.

[26] Causserand C, Rouaix S, Lafaille J-P, Aimar P. Ageing of polysulfone membranes in contact with bleach solution: Role of radical oxidation and of some dissolved metal ions. Chemical Engineering and Processing: Process Intensification. 2008;47:48-56.

[27] Quantin D. Galvanisations à chaud. Technique de l'ingénieur, traité corrosion vieillissement. 2006;Cor 1534:2-8.

[28] Giraud A, Hamy JP. Dossier : Produits et procédés destinés au traitement des eaux sanitaires et de chauffage. CFP Chaud froid plomberie. 2003;660:83-108.

[29] Carrega M. Matériaux Polymères. 2 ed. Paris: L'usine nouvelle Dunod; 2007.

[30] Hruska Z, Guesnet P, Salin C, Couchoud J.J. Poly(chlorure de vinyle) ou PVC. Techniques de l'ingénieur. 2007;AM 3 325 v2.

[31] Groupe_Spécialisé_n°14_«Installations_de_Génie_Climatique_et_Installatio ns_Sanitaires. Avis Technique 14/08-1250. 2008.

[32] Schramm D, Jeruzal M. PE-RT, a new class of polyethylene for industrial pipes. Proceedings of the 25th International Conference on Offshore Mechanics and Artic Engineering. Hambourg2006.

[33] Cazenave J. Sur le compromis rigidité/durabilité du polyéthylène haut densité en relation avec la structure de chaîne, la microstructure et la topologie moléculaire issues de la cristallisation. Lyon: Ecole doctorale matériaux de Lyon; 2005.

[34] Damen J, Jeruzal M, Quack W, Schramm D. PE-RT, a new class of polyethylene for hot water pipes. Dow chemical company; 2006.

[35] Correc O, Derrien F, Diab Y. Prédiction des risques de dégradations des installations de distributiond'eau à l'intérieur des bâtiments. 22 Rencontres universitaires de génie civil2004. p. 8.

[36] Callot P. L'acier galvanisé en contact avec l'eau liquide. Action protectrice du zinc. Colloque Saint Ouen Le Zinc et l'anticorrosion Essai et performance. Paris1993.

[37] Denworhy L, Smith M.D. Corrosion of galvanized coatings and zinc by waters containing free carbon dioxide. Journal of the institute of metals. 1944;70:463-89.

[38] Foucault M, Blanchard F. Etat actuel des problèmes concernant la corrosion et sa prévention dans les installations de distribution d'eau. Annales de l'institut technique du batiment et des travaux publics1971.

[39] Normand B. Prévention et lutte contre la corrosion: Presse Polytechnique; 2004.

[40] Jaubert L. Etude de la corrosion uniforme d'aciers non alliés et inoxydables: utilisation conjointe de l'émission acoustique et des techniques électrochimiques: Institut National des Sciences Appliquées de Lyon; 2004.

[41] Foucault. Corrosion et protection des installations de distribution d'eau sanitaire. In: publics Adlitdbedt, editor.: Institut technique du bâtiment et des travaux publics; 1975.

[42] CSTB. "Réseaux d'eau destinée à la consommation humaine à l'intérieur des bâtiments -Partie 1 Guide technique de conception et de mise en oeuvre, Bâtiment et Santé": CSTB; 2003.

[43] Ledion J. Pourquoi le zinc? Paris: CEFRACOR; 1990.

[44] Dabosi F. Etat des connaissances sur les processus de corrosion et de protection du zinc. Paris: CEFRACOR; 1990.

[45] Ledion J. Du bon usage du zinc. Paris: CEFRACOR; 1993.

[46] J.P. Labbe, J. Ledion. Analyse des produits protecteurs à long terme sur des conduites d'acier galvanisé. Paris: CEFRACOR; 1993.

[47] Kruse CL. Untersuchungen zur Beurteilung der Korrosionsschutzwirkung von Deckschichten auf feuerverzinkten Stahlrohren. Werkstoffe und Korrosion. 1975;26:454-60.

[48] Graubitsch H, Hilbert F. Variation du potentiel de corrosion du zinc en fonction de la température et de la pression. Werkstoffe und Korrosion. 1977:309-12.

[49] Talbot J., Lédion J. Quelques problèmes posés par la corrosion dans l'industrie du bâtiment. Corrosion-Traitements-Protection-Finition. 1971;19.

[50] Hubbard D. J., Shanahan A. Corrosion of zinc and steel in dilute aqueous solutions,. British corrosion Journal. 1973;8:270-4.

[51] Iochev M, Mihailov Gr. Corrosion studies of galvanized steel and zinc in remineralized and inhbited by organic inhibitors soft water. Métaux corrosion-industrie. 1986;730:181-7.

[52] Blanchard F. Corrosion des tubes en acier galvanisé par les eaux chaudes et froides. Centre d'étude Vallourec. France1977. p. 25.

[53] Radke S.F., Druelle N. Corrosion of glavanized steel pipe in hot and cold water systems. Australasian corrosion engineering. 1975:21-5.

[54] Friehe W, Shwenk W. Avances dans l'étude de la formation des couches protectrices sur acier galvanisé. Werkstoffe und Korrosion. 1975;26:342-9.

[55] Derrien F. Eaux véhiculées par l'acier galvanisé. Exigences du DTU 60.1. Paris1993.

[56] Mayer J. La pratique de l'eau. 2 ed. Paris1994.

[57] Derrien F. La corrosion des matériaux métalliques dans le bâtiment. Paris1990.

[58] Jaeger Y. Etude comparative de l'impact de traitements anticorrosions sur les canalisations d'un rseau pilote de distribution d'eau potable. In: APTEN, editor. Journées information eaux recueil de conférences Poitiers2004. p. 41.1-.13.

[59] Gagnon G., Baribeau H., Rutledge S., Dumancic R, Oehmen A., Chauret C., et al. Disinfectant efficacy in distribution systems: a pilot-scale asessemen. Journal of water Supply: Research and Technology-Aqua. 2008:507-18.

[60] Treweek G., Glicker J., Chow B., Sprinker M. Pilot-plant simulation of corrosion in domestic pipe materials. American water works association. 1985;77:74-82.

[61] Reyes A, Letelier M.V., De la Iglesia R, Gonzàlez B, Lagos G. Microbiologically induced corrosion of copper pipes in low-pH water. Iternational biodeterioration & biodegradation. 2008;61:135-41.

[62] Edwards M, Ferguson J. F., Reiber S. H. The pitting corrosion of copper, managing distribution systems. Awwa. 1994:74-90.

[63] Lagos G. Corrosion of copper plumbing tubes and the liberation of copper by-products to drinking water. Serie of the ICA NY. USA2001. p. 87.

[64] Bower DI. An introduction to Polymer Physics. New York: Cambridge University Press; 2002.

[65] Derrien F. Normes matériaux. Prescriptions à respecter lors de la conception des réseaux. Champs sur Marne: CSTB; 2006.

[66] Xiao W, Hong S, Tang Z, Seal S, Taylor JS. Effects of blending on surface characteristics of copper corrosion products in drinking water distribution systems. Corrosion Science. 2007;49:449-68.

[67] FitzGerald KP, Nairn J, Skennerton G, Atrens A. Atmospheric corrosion of copper and the colour, structure and composition of natural patinas on copper. Corrosion Science. 2006;48:2480-509.

[68] Vargas IT, Alsina MA, Pastén PA, Pizarro GE. Influence of solid corrosion by-products on the consumption of dissolved oxygen in copper pipes. Corrosion Science. 2009;51:1030-7.

[69] Vargas IT, Pavissich JP, Olivares TE, Jeria GA, Cienfuegos RA, Pastén PA, et al. Increase of the concentration of dissolved copper in drinking water systems due to flow-induced nanoparticle release from surface corrosion by-products. Corrosion Science. 2010;52:3492-503.

[70] Sathiyanarayanan S, Sahre M, Kautek W. In-situ grazing incidence X-ray diffractometry observation of pitting corrosion of copper in chloride solutions. Corrosion Science. 1999;41:1899-909.

[71] Huang H, Guo X, Zhang G, Dong Z. Effect of direct current electric field on atmospheric corrosion behavior of copper under thin electrolyte layer. Corrosion Science. 2011;53:3446-9.

[72] Comité_fédéral-provincial-territorial_sur_l'eau_potable. Contrôle de la corrosion dans les réseaux de distribution d'eau potable. Canada: Santé Canada; 2007. p. 68.

[73] Atlas D, Coombs J, Zajicek O. The corrosion of copper by chlorinated drinking water. Water Research. 1982;16:693-8.

[74] Boulay N, Edwards M. Role of temperature, chlorine, and organic matter in copper corrosion by-product release in soft water. Water Research. 2001;35:683-90.

[75] MacQuarrie D., Mavinic D., Neden D. Greater vancouver water district drinking water corrosion inhibitor testing. Canadian Journal of Civil Engineering. 1997;24:34-52.

[76] Edwards M., Ferguson J.F. Accelerated testing of copper corrosion. Research and technology journal AWWA. 1993;85:105-13.

[77] Girois S. Stabilisation du PVC. Techniques de l'ingénieur. 2004;AM 3 233:9.

[78] Verdu J. Différents types de vieillissement chimique des plastiques. Technique de l'ingénieur, traité plastiques et composites. 2005;AM 3-152.

[79] Fayolle B. Vieillissement physique des matériaux polymères: Ed. Techniques Ingénieur; 2002.

[80] Ekelund M, Edin H, Gedde U. Long-term performance of poly (vinyl chloride) cables. Part 1: Mechanical and electrical performances. Polymer Degradation and Stability. 2007;92:617-29.

[81] Ekelund M, Azhdar B, Hedenqvist M, Gedde U. Long-term performance of poly (vinyl chloride) cables, Part 2: Migration of plasticizer. Polymer Degradation and Stability. 2008;93:1704-10.

[82] Brebu M, Vasile C, Rovana Antonie S, Chiriac M, Precup M, Yang J, et al. Study of the natural ageing of PVC insulation for electrical cables. Polymer Degradation and Stability. 2000;67:209-21.

[83] Barthélémy E. Interactions entre l'eau et le poly(chlorure de vinyle) chloré. Marseille: Université d'Aix-Marseille I; 2001.

[84] Van Krevelen DW, Te Nijenhuis K. Properties of Polymers, Their correlation with chemical structure; their numerical estimation and prediction from additive group contributions. 4 ed. Amsterdam: Elsevier; 2009.

[85] Munier C. Etude de la transition ductile/fragile dans le comportement statique à long terme des canalisations en PEr et PVCc. Champs sur Marne: Ecole nationale supérieure d'arts et métiers; 2001.

[86] NF. NF EN 921 Systèmes de canalisations plastiques. -Tubes thermoplastiques. -Détermination de la résistance à la pression interne à température constante. 1995.

[87] Malack M., Sami Y., Sheikheldin , Fayad N. M., Khaja N. Effect of water quality parameters on the migration of vinyl chloride monomer from unplasticized PVC pipes. Water, Air and Soil Pollution. 2000;120:195-208.

[88] Heim TH, Dietrich AM. Sensory aspects and water quality impacts of chlorinated and chloraminated drinking water in contact with HDPE and cPVC pipe. Water Research. 2007;41:757-64.

[89] Skjevrak I, Due A, Gjerstad KO, Herikstad H. Volatile organic components migrating from plastic pipes (HDPE, PEX and PVC) into drinking water. Water Research. 2003;37:1912-20.

[90] Fumire. Resistance of PVC pipes against disinfectants. CEOCOR. Bruges2010.

[91] ISO. ISO 4433 Thermoplastics pipes - Resistance to liquid chemicals. 1997.

[92] Backman A.L. Effects of Chlorinated Water on Polymeric Water Distribution Systems. TempRite Engineered Polymers.

[93] Brogden S., Stewart J. The lifetimes of PE and PVC materials for use in sodium hypochlorite and hydrogen peroxide environments. Proceeding of PPXII2004.

[94] Bolland JL, Gee G. Kinetic studies in the chemistry of rubber and related material. II. The kinetics of oxidation of unconjugated olefins. Transactions of the Faraday Society. 1946;42:236-43.

[95] Pospíšil J, Horák Z, Pilař J, Billingham NC, Zweifel H, Nešpůrek S. Influence of testing conditions on the performance and durability of polymer stabilisers in thermal oxidation. Polymer Degradation and Stability. 2003;82:145-62.

[96] Rozendal DA. Long-Term Hydrostatic Stress-Rupture Evaluation of YUCLAIR DX800. USA: Bodycote Broutman; 2003. p. 43.

[97] Hassinen J, Lundbäck M, Ifwarson M, Gedde UW. Deterioration of polyethylene pipes exposed to chlorinated water. Polymer Degradation and Stability. 2004;84:261-7.

[98] Ifwarson M, Aoyama K. Results and experiences from tests on polyolefin pipes exposed to chlorinated water. Plastic Pipes X. Gothenburg1998.

[99] Chung S, Oliphant K, Vibien P, Zhang J. An examination of the relative impact of common potable water disinfectants (chlorine, chloramines and chlorine dioxide) on plastic piping system components. Antec-Conference proceding. 2007;5:2894-8.

[100] Chung S., Couch J., Kim J.D., Oliphant K., Vibien P. Environmental factors in performance forecasting of plastic piping materials. ANTEC. Nashville2003.

[101] Vibien P, Couch J, Oliphant K, Zhou W, Zhang B, Chudnovsky A. Assessing material performance in chlorinated potable water applications. Plastic pipes XI. Munich (Germany)2001.

[102] Wise J, Gillen KT, Clough RL. An ultrasensitive technique for testing the Arrhenius extrapolation assumption for thermally aged elastomers. Polymer Degradation and Stability. 1995;49:403-18.

[103] Colin X, Fayolle B, Audouin L, Verdu J, Duteurtre X. Vieillissement et durabilité des matériaux. Paris, France: OFTA; 2003.

[104] Rozental-Evesque M, Martin F, Bourgine F, Colin X, Audouin L, Verdu J. Etude du comportement de tuyaux en polyethylene utilises pour le transport d'eau potable en presence de desinfectant chlore. Journées Informations Eaux. Poitiers 2006.

[105] Colin X, Audouin L, Verdu J, Rozental Evesque M, Rabaud B, Martin F, et al. Aging of polyethylene pipes transporting drinking water disinfected by chlorine dioxide. I. Chemical aspects. Polymer Engineering & Science. 2009;49:1429-37.

[106] Colin X, Audouin L, Verdu J, Rozental Evesque M, Rabaud B, Martin F, et al. Aging of polyethylene pipes transporting drinking water disinfected by chlorine dioxide. Part II—Lifetime prediction. Polymer Engineering & Science. 2009;49:1642-52.

[107] Castagnetti D, Dragoni E, Scirè Mammano G, Fontani N, Nuccini I, Sartori V. Effect of sodium hypochlorite on the structural integrity of polyethylene pipes for potable water conveyance. Plastic pipes XIV. Budapest2008.

[108] Devilliers C, Fayolle B, Laiarinandrasana L, Oberti S, Gaudichet-Maurin E. Kinetics of chlorine-induced polyethylene degradation in water pipes. Polymer Degradation and Stability. 2011;96:1361-8.

[109] Gaudichet-Maurin E., Devilliers C., Oberti S., Lucatelli M., Cambrezy, Trottier, et al. Interactions chimiques des tubes en polyethylene avec le chlore en eau potable. 89 Congrès de l'ASTEE. Strasbourg2010.

[110] Moisan JY, Lever R. Diffusion des additifs du polyethylene--V: Influence sur le vieillissement du polymere. European Polymer Journal. 1982;18:407-11.

[111] Hoàng EM, Lowe D. Lifetime prediction of a blue PE100 water pipe. Polymer Degradation and Stability. 2008;93:1496-503.

[112] Métropole N. Composition moyenne de l'eau potable produite à l'usine de Nantes - DDASS 44. In: Métropole N, editor. Direction de l'eau. Nantes2007.

[113] Brisset F., et al. Vade-mecun des matériaux. Nantes: Matériaux 2010; 2010.

[114] NF, EN, 728. Systèmes de canalisations et de gaines en plastique. Tubes et raccords en polyoléfine. Détermination du temps d'induction à l'oxydation. 1997.

[115] Lesec J. Masses molaires moyennes. Techniques de l'ingénieur. 1996;A3060.

[116] ISO NE. NF EN ISO 527-2 Détermination des propriétés en traction. Plastiques: AFNOR; 1996.

[117] Moles J. Eaux de distribution, Désinfection. Techniques de l'ingénieur. 2007;Technologies de l'eau:24.

[118] Chang R. Quimica. México DF: McGraw-Hill; 1999.

[119] Memotec. Désinfection par le chlore, Fiche technique n°14. Memotec2003.

[120] Vibien P, Chung S, Fong S, Oliphant K. Long-Term Performance of Polyethylene Piping Materials in Potable Water Applications. Aurora, Ontario: Jana Laboratories; 2009. p. 10.

[121] Boraks J. Drinking Water and Health Disinfectants and Disinfectant By-Products. Washington, DC: National Academy Press; 1987.

[122] Bouchard-Abouchacra M. Evaluation des capacités de la microscopie Raman dans la caractérisation minéralogique et physico-chimique de matériaux archéologiques : Métaux, Vitraux&Pigments. Paris: Paris Est; 2001.

[123] Frost RL. Raman spectroscopy of selected copper minerals of significance in corrosion. Spectrochimica Acta Part A: Molecular and Biomolecular Spectroscopy. 2003;59:1195-204.

[124] Christy A. G., et al. Voltammetric and Raman microspectroscopic studies on artificial coppert pits grown in simulated potable water. Journal of applied Electrochemitry. 2004;34:225-33.

[125] Bouchard M, Smith DC. Catalogue of 45 reference Raman spectra of minerals concerning research in art history or archaeology, especially on corroded metals and coloured glass. Spectrochimica Acta Part A: Molecular and Biomolecular Spectroscopy. 2003;59:2247-66.

[126] Merkel TH, Groß H-J, Werner W, Dahlke T, Reicherter S, Beuchle G, et al. Copper corrosion by-product release in long-term stagnation experiments. Water Research. 2002;36:1547-55.

[127] Neveux M. La corrosion des conduites d'eau et de gaz, Causes et remèdes. Paris: Collection techniques et sciences municipales; 1968.

[128] Marchebois H, Joiret S, Savall C, Bernard J, Touzain S. Characterization of zinc-rich powder coatings by EIS and Raman spectroscopy. Surface and Coatings Technology. 2002;157:151-61.

[129] Kui X., Dong C., LIa G., WANG F.M. Corrosion products and formation mechanism during initial stage of atmospheric corrosion of carbon steel. Journal of iron and steel research. 2008;15:42-8.

[130] Yadav A. P., Nishikata A., Tsuru T. Degradation mechanism of galvanized steel in wet-dry cyclic environment containing chloride ions. Corrosion Science. 2004;46:361-76.

[131] Carbucicchio M, Ciprian R, Ospitali F, Palombarini G. Morphology and phase composition of corrosion products formed at the zinc-iron interface of a galvanized steel. Corrosion Science. 2008;50:2605-13.

[132] Jayasree R.S., Mahadevan Pillai V.P., Nayar V.U., Odnevall I., Kerestury G. Raman and infrared spectral analysis of corrosion products on zinc $NaZn_4Cl(OH)_6SO_46H_2O$ and $Zn_4Cl_2(OH)_4SO_45H_2O$. Materials Chemistry and Physics. 2006;99:474-8.

[133] Reffass M, Berziou C, Rébéré C, Billard A, Creus J. Corrosion behaviour of magnetron-sputtered Al1-x-Mnx coatings in neutral saline solution. Corrosion Science. 2010;52:3615-23.

[134] Singh DDN, Yadav S, Saha JK. Role of climatic conditions on corrosion characteristics of structural steels. Corrosion Science. 2008;50:93-110.

[135] Real LP, Gardette J-L, Pereira Rocha A. Artificial simulated and natural weathering of poly(vinyl chloride) for outdoor applications: the influence of water in the changes of properties. Polymer Degradation and Stability. 2005;88:357-62.

[136] Real LP, Rocha AP, Gardette J-L. Artificial accelerated weathering of poly(vinyl chloride) for outdoor applications: the evolution of the mechanical and molecular properties. Polymer Degradation and Stability. 2003;82:235-43.

[137] El Raghi S, Zahran RR, Gebril BE. Effect of weathering on some properties of polyvinyl chloride/lignin blends. Materials Letters. 2000;46:332-42.

[138] Merah N. Natural weathering effects on some properties of CPVC pipe material. Journal of Materials Processing Technology. 2007;191:198-201.

[139] Z. Hruska, P. Guesnet, C. Salin, J. J. Couchoud. Poly(chlorure de vinyle) ou PVC. Techniques de l'ingénieur. 2007;AM 3 325 v2.

[140] UserCom. Informations pour les utilisateurs des systèmes d'analyse thermique METTLER TOLEDO. Mettler Toledo2000. p. 1-28.

[141] Verdu J. Vieillissement chimique des plas tiques : aspects généraux. Techniques de l'ingénieur. 2002;AM 3 151:14.

[142] Tonchev D, Kasap SO. Effect of aging on glass transformation measurements by temperature modulated DSC. Materials Science and Engineering A. 2002;328:62-6.

[143] de la Fuente JL. An analysis of the thermal aging behaviour in high-performance energetic composites through the glass transition temperature. Polymer Degradation and Stability. 2009;94:664-9.

[144] Ramesh S, Leen KH, Kumutha K, Arof AK. FTIR studies of PVC/PMMA blend based polymer electrolytes. Spectrochimica Acta Part A: Molecular and Biomolecular Spectroscopy. 2007;66:1237-42.

[145] Altenhofen da Silva M, Adeodato Vieira MG, Gomes Maçumoto AC, Beppu MM. Polyvinylchloride (PVC) and natural rubber films plasticized with

a natural polymeric plasticizer obtained through polyesterification of rice fatty acid. Polymer Testing. 2011;30:478-84.

[146] Guiliano M., Mille G., Onoratini G., Simon P. Presence of amber in the Upper Cretaceous (Santonian) of La "Mède" (Martigues, southeastern France). IRTF characterization. Systematic Palaeontology. 2006;5:851-8.

[147] Al-Malaika S, Peng X, Watson H. Metallocene ethylene-1-octene copolymers: Influence of comonomer content on thermo-mechanical, rheological, and thermo-oxidative behaviours before and after melt processing in an internal mixer. Polymer Degradation and Stability. 2006;91:3131-48.

[148] Guadagno L, Naddeo C, Vittoria V, Camino G, Cagnani C. Chemical and morphologial modifications of irradiated linear low density polyethylene (LLDPE). Polymer Degradation and Stability. 2001;72:175-86.

[149] Colom X., J. Lis M.J., Valldeperas J., Carrillo F. Caracterizacion mediante espectrometria FT-IR del PVC sometido a degradacion termoquimica en medio acido oxidante. Boletin intexter (U P C). 2003;124:29-34.

[150] Gijsman P, Dozeman A. Comparison of the UV-degradation chemistry of unstabilized and HALS-stabilized polyethylene and polypropylene. Polymer Degradation and Stability. 1996;53:45-50.

[151] Douminge L, Mallarino S, Cohendoz S, Feaugas X, Bernard J. Extrinsic fluorescence as a sensitive method for studying photo-degradation of high density polyethylene part I. Current Applied Physics. 2010;10:1211-5.

[152] Stark NM, Matuana LM. Surface chemistry changes of weathered HDPE/wood-flour composites studied by XPS and FTIR spectroscopy. Polymer Degradation and Stability. 2004;86:1-9.

[153] Tidjani A. Comparison of formation of oxidation products during photo-oxidation of linear low density polyethylene under different natural and accelerated weathering conditions. Polymer Degradation and Stability. 2000;68:465-9.

[154] Valadez-González A, Veleva L. Mineral filler influence on the photo-oxidation mechanism degradation of high density polyethylene. Part II: natural exposure test. Polymer Degradation and Stability. 2004;83:139-48.

[155] Xingzhou H. Wavelength sensitivity of photo-oxidation of polyethylene. Polymer Degradation and Stability. 1997;55:131-4.

[156] Zhenfeng Z, Xingzhou H, Zubo L. Wavelength sensitivity of photooxidation of polypropylene. Polymer Degradation and Stability. 1996;51:93-7.

[157] Gulmine JV, Janissek PR, Heise HM, Akcelrud L. Degradation profile of polyethylene after artificial accelerated weathering. Polymer Degradation and Stability. 2003;79:385-97.

[158] Calvert P.D., Billingham N.C. Loss of additives from polymers: A theorical model. Journal of applied polymer science. 1979;24:357-70.

[159] Tireau J., Van Schoors L., Benzarti K., Colin X. Consequences des vieillissements thermiques et photochimiques sur des gaines de polyethylene utilisees en genie civil : etude par une approche multiechelle. Materiaux 2010. Nantes (France)2010.

[160] Verdu J. Vieillissment chimique : modélisation cinétique. Techniques de l'ingénieur. 2002;AM 3 153:6.

[161] Audouin L, Colin X, Fayolle B, Verdu J. Modelisation Cinetique D'un Mecanisme D'oxydation: Ed. Techniques Ingénieur; 2005.

[162] SOGECAN. Avis technique Retube, dossier complémentaire, tenue à la thermoxydation des canalisations en polyéthylène réticulé1981.

[163] Mendes LC, Rufino ES, de Paula FOC, Torres Jr AC. Mechanical, thermal and microstructure evaluation of HDPE after weathering in Rio de Janeiro City. Polymer Degradation and Stability. 2003;79:371-83.

[164] Gulmine JV, Akcelrud L. Correlations between structure and accelerated artificial ageing of XLPE. European Polymer Journal. 2006;42:553-62.

[165] Valadez-Gonzalez A, Cervantes-Uc JM, Veleva L. Mineral filler influence on the photo-oxidation of high density polyethylene: I. Accelerated UV chamber exposure test. Polymer Degradation and Stability. 1999;63:253-60.

[166] Van Krevelen D.W., Te Nijenhuis K. Properties of Polymers, Their correlation with chemical structure; their numerical estimation and prediction from additive group contributions. 4 ed. Amsterdam2009.

[167] Boutevin B., Hervaud Y., Lafont J., Pietrasanta Y. Matériaux composites à base de graves et de liants polymères, étude par spectrocopie infrarouge d'enrobés par infrarouge à base de polyéthylène. European Polymer Journal. 1984;20:867-73.

[168] Verdu J. Vieillissement des plastiques: Vieillissement physique, les polymères et l'eau, Afnor technique; 1984.

[169] Garcia O.E., Uruchurtu J., Genesca J. Respuesta electroquimica del cobre durante el fenomeno de corrosion por picaduras en soluciones con iones cloruro. Revista de metalurgia. 1995;31:361-7.

[170] Oliphant R.J. Causes of copper corrosion in plumbing systems. A review of current knowledge. Bucks: Foundation for Water Research; 2003. p. 36.

[171] Vargas IT, Pastén PA, Pizarro GE. Empirical model for dissolved oxygen depletion during corrosion of drinking water copper pipes. Corrosion Science. 2010;52:2250-7.

[172] Chan H.Y.H., Takoudis C.G., Weaver M.J. Oxide film formation and oxygen adsorption on copper in aqueous media as probed by surface-enhanced Raman spectroscopy. Journal of physical chemistry B. 1999;103:357-65.

[173] Xu J.F., Ji W., Shen Z.X., Li W.S., Tang S.H, Ye X.R., et al. Raman spectra of CuO nanocrystals. Journal of Raman Spectroscopy. 1999;30:413-5.

[174] Zhang L, Yu JC, Xu A-W, Li Q, Kwong KW, Yu SHS-H. Peanut-shaped nanoribbon bundle superstructures of malachite and copper oxide. Journal of Crystal Growth. 2004;266:545-51.

[175] Adeloju SB, Hughes HC. The corrosion of copper pipes in high chloride-low carbonate mains water. Corrosion Science. 1986;26:851-70.

[176] Yadav K, Morison K, Staiger MP. Effects of hypochlorite treatment on the surface morphology and mechanical properties of polyethersulfone ultrafiltration membranes. Polymer Degradation and Stability. 2009;94:1955-61.

[177] Whelton AJ, Dietrich AM. Critical considerations for the accelerated ageing of high-density polyethylene potable water materials. Polymer Degradation and Stability. 2009;94:1163-75.

[178] Zebger I, Elorza AL, Salado J, Alcala AG, Gonçalves ES, Ogilby PR. Degradation of poly(1,4-phenylene sulfide) on exposure to chlorinated water. Polymer Degradation and Stability. 2005;90:67-77.

[179] Lundbäck M, Hassinen J, Andersson U, Fujiwara T, Gedde UW. Polybutene-1 pipes exposed to pressurized chlorinated water: Lifetime and antioxidant consumption. Polymer Degradation and Stability. 2006;91:842-7.

[180] Albella JM. Laminas delgadas y recubrimientos preparation, propiedades y aplicaciones,. Madrid: Consejo superior de investigaciones cientificas; 2003.

[181] Whan R.E. ASM Handbook, Materials characterization. 9 ed. USA: ASM international; 1998.

[182] Teyssèdre G., Lacabanne C. Caractérisation des polymères par analyse thermique. Techniques de l'ingénieur. 1997;AM 3 274:10.

[183] Dalibart M. Spectroscopie dans l'infrarouge. Techniques de l'ingénieur. 2000;P2845.

[184] Sepe MP. Dynamic mecanical analysis for plastics engineering. USA: Plastics design library; 1998.

[185] CNAM Paris. Chaire des matériaux industriels polymères, Matériaux polymères, MPL 106, Structure et physico-chimie des polymères, les analyses thermomécaniques. Paris: CNAM Paris; 2008.

[186] Lloyd D. Preparation of pH buffer solutions, http://delloyd.50megs.com/moreinfo/buffers2.html. The university of the west indies, st. Augustine campues, The Republic of Trinidad and Tobago; 2011.

[187] Kelm M, Pashalidis I, Kim JI. Spectroscopic investigation on the formation of hypochlorite by alpha radiolysis in concentrated NaCl solutions. Applied Radiation and Isotopes. 1999;51:637-42.

[188] Couture E. Chlorate and chlorite analysis in seawater, chlorate sinks, and toxicity to phytoplankton. Halifax: Dalhousie University; 1998.

ANNEXES

ANNEXE 1 : CARACTERISTIQUES TECHNIQUES DU BANC D'ESSAIS

---

1. RENOUVELLEMENT DE L'EAU

Le renouvellement de l'eau est assuré avec une électrovanne couplée avec un débitmètre et une soupape de décharge. L'électrovanne, située dans la partie supérieure de chaque boucle, contrôle l'arrivée d'eau. Le débit d'arrivée d'eau est réglé par un débitmètre pour faible débit BAMO 1900. Il s'agit d'un débitmètre de section variable avec un flotteur se déplaçant dans un tube conique. Finalement, une soupape de décharge BAMO DHV 715, sert à maintenir la pression constante dans la boucle, assurant un débit de fuite dépendant du débit d'arrivée d'eau.

2. SYSTEMES DE DOSAGE ET REGULATION

La concentration de chlore libre est régulée à l'aide d'appareils de réglage et de commande DULCOMETER® D1C reliés aux sondes de mesure DULCOTEST® CLE et commandent des pompes doseuses ProMinent® CONCEPT PLUS.

Le pH est régulé à l'aide d'appareils de réglage et de commande DULCOMETER® D1C reliés aux sondes de mesure ProMinent® WA-PH1 et commandent des pompes doseuses ProMinent® CONCEPT PLUS.

L'injection du filmogène est commandée par le débitmètre relié aux pompes doseuses ProMinent® CONCEPT PLUS.

3. TEMPERATURE

La température est régulée à l'aide des réchauffeurs de boucle. CETAL 67501 de 3000w permettant d'établir la température de consigne à 70°C. Ces thermoplongeurs, sont composés de trois épingles en acier inoxydable 316L qui assurent la puissance de chauffe et d'un barreau central, aussi en acier inoxydable 316L, qui, situé entre les épingles, assure la régulation en température avec une sonde à l'intérieur.

4. CIRCULATEUR

La pompe de circulation aspire l'eau pour ensuite la pousser dans la boucle. Celle-ci est une pompe centrifuge horizontale à entraînement magnétique AES-MAX. L'eau refoulée et l'atmosphère sont séparées l'une de l'autre.

La transmission de la puissance de l'entraînement vers l'impulseur s'effectue par le biais d'aimants permanents.

Tous les composants des pompes qui sont en contact avec l'eau sont exempts de métal ce qui exclut toute oxydation qui pourrait amener une pollution dans l'eau (le corps et l'impulseur sont en PP chargé fibre de verre et les joints toriques en EPDM).

5. PURGES D'AIR

Les boucles sont équipées d'une soupape de ventilation BE 891. La soupape contient une bille flottante, qui, en cas de présence d'eau, vient faire étanchéité contre un joint FPM (fluorinated propylene monomer).

6. COLLIERS DE REPARATION

Les manchettes témoins sont reliées entre elles à l'aide des colliers de réparation Flex Seal Plus® SC65 avec une partie interne en EPDM en contact avec la canalisation et une partie externe en acier inoxydable 304 qui permet de serrer le collier.

7. PROTECTION DES PERSONNES ET SECURITE DU BANC

Les produits chimiques utilisés sur le banc d'essais sont :

> - un produit biocide (H7991 de Veolia water, 11,6° de NaClO),
> - un produit filmogène (H3111 de Veolia water, solution à base de polyphosphates et silicates de sodium, Aquapack Plus, Avis technique 19/09-89)
> - une préparation acide réalisée à partir d'une solution de H_2SO_4, (de chimie plus laboratoires à 97% de pureté), qui a été diluée avec de l'eau ultrapure afin d'atteindre une solution de H_2SO_4 à 10%.

La manipulation de ces produits chimiques nécessite des protections telles que l'utilisation de gants, de lunettes et une blouse. Les bacs de traitements sont disposés au sol. Chaque bidon de produit chimique a un bac de rétention.

Si la température d'une ligne dépasse 80°C, une sécurité arrête le réchauffeur de cette boucle.

La pression dans la boucle est aussi sécurisée. En effet, un manomètre à contact ITEC donne une indication de la pression avec contact d'alarme : si l'alarme se déclenche la pompe de circulation, les pompes de dosage et le réchauffeur de boucle s'arrêtent automatiquement et l'électrovanne d'alimentation se ferme.

Enfin, des éventuelles fuites déclenchent aussi une alarme. En effet, chaque "face" des structures porteuses comporte un système d'alarme de détection de fuite BAMO WM24. Il s'agit d'un détecteur de niveau résistif. Le déclenchement de cette alarme produit : l'arrêt des pompes de circulation, réchauffeurs de boucle et pompes de dosage et la fermeture des électrovannes sur le châssis affecté par la fuite.

8. DISPOSITIFS COMPLEMENTAIRES

Quelque dispositifs complémentaires ont dû être installé afin de contourner des difficultés ou afin d'apporter des informations supplémentaires.

8.1 MESURE DE CHLORE À 70°C

L'analyse du chlore a été une des plus importantes difficultés techniques. En effet, le fournisseur des sondes de chlore ne garantissait pas la pérennité de ce matériel avec une utilisation à 70°C en continu. Par conséquent, nous avons décidé d'installer un refroidisseur afin de ramener l'eau à 50°C (température à laquelle l'analyseur de chlore peut fonctionner en continu). Le système de refroidissement fonctionne de la façon suivante :

Un petit volume d'eau pris directement de la boucle est conduit avec un tuyau en PP à une chambre de refroidissement avant d'être analysé. Dans la chambre de refroidissement, ce tuyau de PP est mis en contact avec de l'eau froide (~20°C), après refroidissement, l'eau est analysée et retournée dans la boucle.

Compte tenu de la température prévue pour les lignes de référence (50°C), l'installation de ce système de refroidissement n'a pas été nécessaire. Ce système n'a donc été installé que sur les lignes d'étude.

8.2 SONDES CORRATER®

Des dispositifs électrochimiques de type Corrater® 9030 Plus, ont été aussi installés sur toutes les lignes métalliques afin de mesurer la corrosivité du milieu.

Ce dispositif, composé par un appareil de mesure de type Corrater® 9030 Plus (Rohrbac Cosasco Sytems) relié à une sonde à deux électrodes, mesure instantanément la vitesse de corrosion et la tendance à la piqûre.

Pour faire ceci, cet appareil mesure la résistance de polarisation du processus de corrosion à l'aide d'une sonde à deux électrodes (la nature de ces deux électrodes devant se rapprocher le plus possible du matériau de la canalisation). Cette résistance de polarisation est ensuite utilisée pour calculer la densité de courant de corrosion. Enfin, la vitesse de corrosion est calculée à partir de la densité de courant de corrosion en utilisant la loi de Faraday.

Ces sondes électrochimiques sont installées par simple piquage à l'intérieur de la canalisation du circuit à contrôler et sont placées perpendiculairement au flux de circulation. La mesure de la vitesse de corrosion est ensuite réalisée de manière automatique et semi-continue.

9.   CONTROLE DU PROCEDE PAR PILOTAGE

Un poste de supervision (figure 83) permet de visualiser en continu les paramètres les plus importants et permet d'agir sur quelques équipements avec le logiciel Labview. Ce poste constitue entre autres, une partie de la chaîne de mesure dont le principe est présenté sur la figure 84.

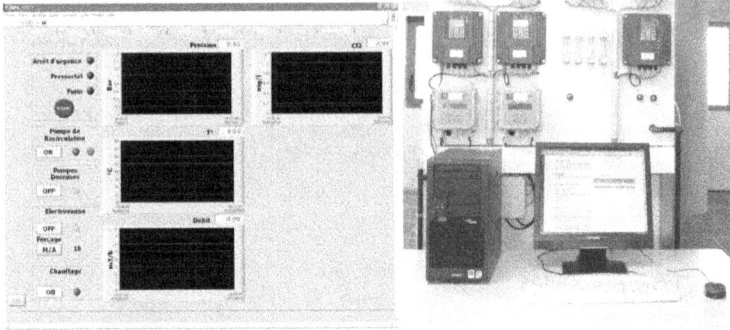

Figure 83 : Ecran de pilotage et supervision de la ligne de référence en acier galvanisé (a). Poste de pilotage (b).

9.1 SUPERVISION

Le poste de pilotage affiche les alarmes de pression et de fuite. De plus, l'ouverture/fermeture de l'électrovanne d'alimentation, la mise en route des pompes (circulation ou dosage) et le démarrage des réchauffeurs de boucle peuvent aussi être contrôlés à partir du poste de pilotage et supervision.

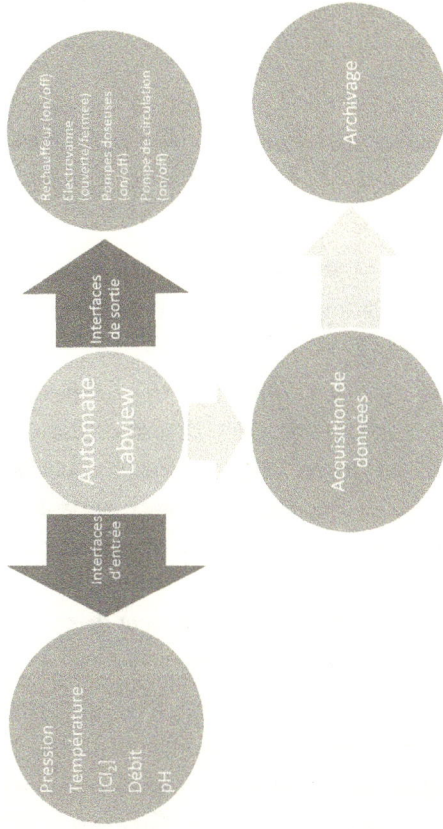

Figure 84 : Principe de la chaîne de mesure et du contrôle du procédé.

10. ACQUISITION DES DONNEES

L'acquisition de données, par l'intermédiaire du logiciel Labview, va collecter, convertir et classer l'information des paramètres ci-dessous dans des fichiers format txt. Ces fichiers peuvent être traités par la suite avec Excel pour tracer des courbes sur l'évolution de la pression, le débit, la concentration en désinfectant, le pH et la température en fonction du temps.

La pression est délivrée par l'intermédiaire d'un transmetteur de pression Nöding P10 qui délivre un signal électrique proportionnel à la pression mesurée.

Un débitmètre électromagnétique BAMO ML 110 assure la mesure du débit. Le signal récupéré est amplifié et traité par un convertisseur, qui permet une lecture du débit de l'eau.

Les sondes de chlore peuvent se trouver en ligne ou isolées montées en parallèle à la boucle dans une chambre d'analyse qui suit un système de refroidissement (figure 85). La chambre d'analyse est de construction modulaire. Le guidage de l'écoulement par la chambre d'analyse est conçu de manière que les sondes soient alimentées par le bas. Un robinet sert à réguler et à bloquer l'écoulement. La chambre est équipée d'un flotteur qui permet de surveiller le débit. Un robinet de prélèvement permet de soutirer des échantillons d'eau.

Les sondes de chlore sont des sondes DULCOTEST® ampérométriques à trois électrodes. Elles se composent de deux fils d'or qui servent d'électrode de travail (cathode) d'une contre-électrode (anode) et d'un anneau d'argent revêtu d'une couche d'halogénure d'argent servant d'électrode de référence. Cette sonde mesure la teneur de l'eau en acide hypochloreux (HClO). Par conséquent, la valeur de chlore libre à réguler doit être ajustée à l'aide de la méthode photométrique DPD-1 qui mesure le chlore libre (HClO, ClO$^-$).

La mesure de température est réalisée par un capteur de température BAMO Pt 100 en acier inoxydable.

Une sonde de pH située sur la partie horizontale de la boucle assure la mesure de pH. Cette sonde est constituée par une électrode de mesure en verre et par une électrode de référence (KCl gel) qui est disposée de manière concentrique autour de l'électrode de mesure. Le montage de la sonde dans la ligne est assuré par une armature coulissante amovible en polypropylène (PP). Grâce à cette armature la sonde peut être démontée et remontée pour des besoins d'étalonnage et de nettoyage sans interruption de l'écoulement (figure 86).

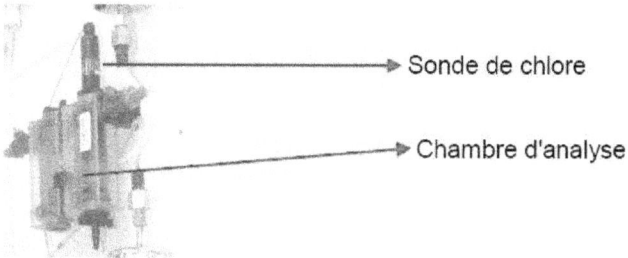

Sonde de chlore

Chambre d'analyse

Figure 85 : Sonde de chlore montée dans une chambre de mesure.

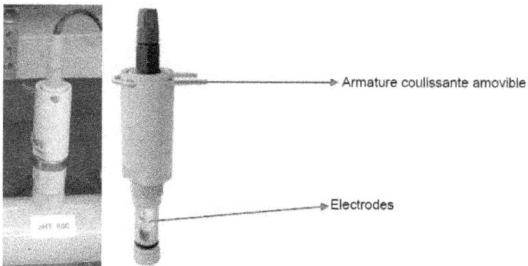

Armature coulissante amovible

Electrodes

Figure 86 : Sonde de pH.

ANNEXE 2 : FONDEMENTS THEORIQUES DES TECHNIQUES DE CARACTERISATION

1. MICROSCOPIE ELECTRONIQUE A BALAYAGE (MEB) ET ANALYSES "EDS"

Le microscope électronique à balayage utilise un faisceau d'électrons généré par un filament incandescent **[180, 181]**.

Les électrons émis, sont accélérés par une grille polarisée positivement. Un champ électrique, généré par des plaques, focalise le faisceau des électrons. Dans la dernière partie du chemin vers l'échantillon, le faisceau d'électrons est focalisé vers un point par des bobines électromagnétiques de façon à ce que celles-ci permettent de réaliser un balayage dans la zone que nous voulons étudier. Quand les électrons arrivent sur un point de l´échantillon, une grande variété de processus se produise, et les produits de cette interaction sont ceux utilisés pour former l´image. Les principaux processus sont la production d'électrons secondaires, d'électrons rétrodiffusés et des transitions électroniques. Les électrons rétrodiffusés permettent d´avoir une visualisation compositionnelle (contraste dû aux différences atomiques) de l´échantillon. Les électrons secondaires, quant à eux, servent à avoir une image de haute résolution de la topographie. Le microscope électronique à balayage, peut être couplé à un détecteur d´analyse spectrométrique par dispersion d´énergie des rayons X (E.D.S.). Un des principaux processus, issus de l'interaction du faisceau électronique avec l'échantillon, est la production des transitions électroniques, c'est-à-dire qu'un électron primaire peut arracher un électron lié à un atome du matériau, cet électron va laisser un « trou » dans son niveau de provenance, qui va être rempli pour un autre électron lié en émettant un photon de rayons X. L´analyse de l´énergie de ce photon nous permet de connaître le nombre atomique de l´atome de provenance, et par conséquent, la composition de notre échantillon.

2. DIFFRACTION DE RAYONS X

La diffraction des rayons X est une technique largement utilisée afin d´identifier la nature et la structure des produits cristallisés **[180, 181]**.

La diffraction des rayons X repose sur la loi de Bragg. Grâce à l´angle des rayons diffractés, on peut remonter à la structure cristalline de la surface de l´échantillon. $sin\theta = \frac{n\lambda}{2d_{h,k,l}}$ *Avec n l´ordre de la diffraction.*

Le principe de base de la technique est le suivant : un faisceau parallèle de rayons X, monochromatique de longueur d´onde λ, bombarde sous un angle θ l´échantillon et se réfléchit sous le même angle θ (dit angle de Bragg) sur une famille de plans réticulaires (hkl) de distance interréticulaire d_{hkl}. Une onde résultante est réfléchie lorsque la loi de Bragg est vérifiée. Un détecteur mesure l´intensité du rayonnement X diffracté dans certaines directions.

3. SPECTROSCOPIE RAMAN

La spectroscopie Raman est basée sur la dispersion inélastique de la lumière (effet Raman). Le faisceau d'un laser, qui est monochromatique arrive sur le matériau. Grâce à l'interaction avec les vibrations des molécules du matériau, une petite partie de la lumière, subit des déplacements de fréquence égaux à la fréquence des modes normaux de vibration dans le matériau (effet Raman).

Normalement, seul le spectre Raman Stokes, avec des fréquences absolues plus petites que la fréquence du laser, est mesuré. Cela a lieu quand un photon arrive et génère dans le matériau une vibration et un photon dispersé (avec l'énergie qui n'a pas été utilisée).

Le nombre de bandes vibrationnelles Raman, leur position, leur intensité, et leurs formes vont nous donner des informations sur la symétrie et structure cristalline, la composition chimique, le type de liaison et la température **[180, 181]**.

4. ANALYSE THERMIQUE

La DSC permet de déterminer et de quantifier les processus endothermiques, exothermiques ou athermiques accompagnant une transition physique au sein d'un polymère [182].

Cette technique consiste à mesurer la variation du flux de chaleur ceci est lié à des transitions se produisant dans le matériau lorsque la température évolue.

Les creusets de l'échantillon et de la référence sont soumis au même programme contrôlé de température régi par un seul appareil de chauffage. La différence entre les flux thermiques dans les positions de l'échantillon et de la référence est déduite à partir de la différence de température. Finalement, cette différence est enregistrée en fonction de la température de la référence ou du temps.

Cette technique permet d'avoir accès à plusieurs propriétés des polymères, néanmoins, une procédure d'analyse différente est nécessaire en fonction de l'information recherchée.

5. SPECTROSCOPIE INFRAROUGE

La spectroscopie infrarouge permet d'obtenir des informations sur [183] :

1.- La structure chimique des macromolécules et la composition du polymère : identification de l'unité de base, des ramifications, analyse des extrémités de chaînes, détermination de la nature et de la concentration des additifs, des défauts de structure, des impuretés...

2.- Les interactions intra- ou intermoléculaires, la conformation des chaînes, la cristallinité du polymère, l'orientation des macromolécules.

La spectroscopie infrarouge soumis le matériau à un rayonnement électromagnétique dont la longueur d'onde excitatrice appartient au domaine infrarouge (entre 2,5 et 25 µm). Lorsque la fréquence du champ magnétique associée au rayonnement est égale à l'une des fréquences de modes de vibrations de la molécule, il y a absorption de l'énergie : la molécule entre en vibration. Elle passe d'un niveau d'énergie stable à un autre.

L'analyse spectrale du faisceau transmis permet d'observer les bandes d'absorption correspondant à une vibration. Chaque type de groupement vibre dans un domaine de longueur d'onde bien défini.

6.   ANALYSE MECANIQUE DYNAMIQUE

La DMA, ou analyse thermo-mécanique dynamique, est une technique de caractérisation des matériaux polymères. La réponse d'une éprouvette à une sollicitation, en général une déformation mécanique périodique, est enregistrée en fonction de la température [182, 184].

La DMA permet de déterminer le comportement viscoélastique du polymère [184, 185]. En effet, elle donne les évolutions, en fonction de la température :

> ➢ du module de conservation ou de restitution E', qui correspond à la déformation mécanique de l'échantillon (composante élastique)

> ➢ du module de perte E", qui représente l'énergie mécanique transformée (et perdue) en chaleur pour remuer les macromolécules afin que celles-ci tentent de répondre, avec retard (composante visqueuse)

> ➢ δ, qui représente l'angle de perte mécanique tel que :

$$\text{tg}\,\delta = E''/E'$$

La DMA permet donc, de dissocier les deux comportements élastique et visqueux du polymère.

7.   VISCOSIMETRE A L'ETAT FONDU

La viscosimètrie à l'état fondu est un essai dynamique qui consiste à appliquer à l'échantillon un cisaillement périodique d'amplitude contrôlée.

En mode oscillation sinusoïdale, (exemple du dispositif de cisaillement plan-plan), la déformation est contrôlée par la position angulaire du plateau mobile définie par : $\varphi = \varphi_0 \sin wt$ où w est la pulsation reliée à la période d'oscillation par la relation : $T = 2\pi/\omega$ avec w en radian par seconde et T en seconde.

Pour un dispositif plan-plan oscillant, contrairement au dispositif cône plan, la déformation de cisaillement n'est pas uniforme entre le centre et la périphérie du disque. Pour r= R (périphérie), la déformation s'écrit : $\gamma_{max} = R \varphi/H$ et $\gamma(t) = \gamma_0 \sin wt$ La réponse en contrainte sera aussi périodique mais déphasée d'un angle δ. Ce déphasage est une caractéristique propre au matériau qui révèle son comportement visco-élastique : $\gamma(t) = G \gamma_{max} \sin(wt + \delta)$.

Le dispositif permet d'accéder, aux grandeurs suivantes :

➢ le module de conservation lié à la partie de la contrainte en phase avec la déformation élastique : $G' = G^* \cos\delta$

➢ le module de perte lié à la partie de la contrainte en opposition de phase avec la déformation élastique : $G'' = G^* \sin\delta$

➢ le déphasage angulaire δ ou angle de perte dont la tangente est définie par : $\tan\delta = G''/G'$

➢ le module complexe $G^* = \sqrt{(G'^2 + G''^2)}$

8. ESSAIS MECANIQUES, TRACTION UNIAXIAL

Les essais mécaniques sont des expériences dont le but est de caractériser les lois de comportements des matériaux **[113]**. La loi de comportement établit une relation entre les contraintes et les déformations. Les essais mécaniques en traction uniaxiale se font en appliquant une force de traction à vitesse constante sur une éprouvette. Ces essais permettent de tracer une courbe σ=f(ε) (figure 87) dite de traction à partir de laquelle les caractéristiques suivantes peuvent être déduites :

> ➢ la contrainte maximale avant rupture ;

> ➢ la limite du domaine élastique ;

> ➢ l'allongement à la rupture ;

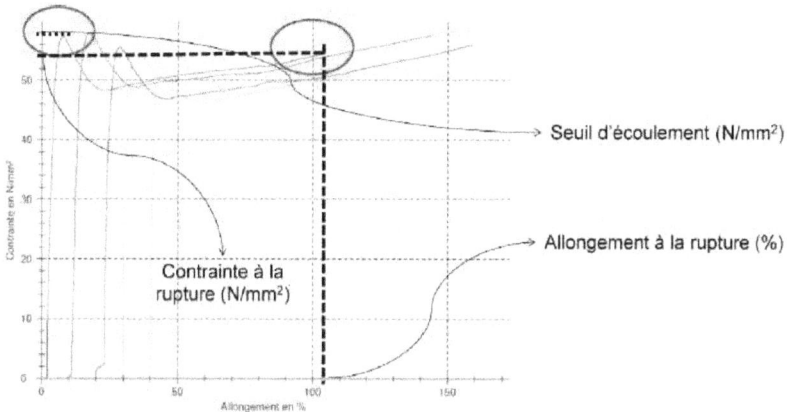

Figure 87 : Courbes σ =f(ε) (contrainte en fonction de la déformation) du PVCc non vieilli.

ANNEXE 3 : PREPARATION DES SOLUTIONS TAMPONS, ET DETECTION DU HCLO, CLO⁻ ET CLO₃⁻ PAR SPECTROMETRIE UV/VISIBLE

1. PREPARATION DES SOLUTIONS TAMPONS

Deux tampons ont été préparés, un acétate pour les pH acides, et l'autre phosphate pour les pH plus basiques (tableau 41) **[186]**. Toutes les solutions ont été préparées avec de l'eau ultra pure et les réactifs utilisés sont préparés à partir des produits chimiques de qualité analytique (MERCK, Chimie-Plus, Prolabo).

Tampon acétate (1L)			Tampon phosphate (1L)			
pH	CH_3COOH 0,1 M (ml)	CH_3COONa 0,1 M (ml)	pH	Na_2HPO_4 0,1 M (ml)	H_2SO_4 0,05 M (ml)	NaOH 0,1 M (ml)
4	847	153	7	756	244	
			10	966,4		33,6

Tableau 41 : Réactifs utilisés pour la préparation d'un litre de solutions tampons **[186]**.

2. DETECTION DU HCLO, CLO⁻ ET CLO₃⁻ PAR SPECTROMETRIE UV/VIS

Le spectromètre UV/VIS utilisé est un UV IKON XS-double-Secomam.

L'acide hypochloreux HClO a son maximum d'absorbance à 230nm, tandis que l'ion hypochlorite ClO⁻ a le sien à 290 nm **[187]**. Les concentrations de ces deux espèces sont déterminées à partir de la loi de Beer-Lambeer :

$A = l([HClO]\varepsilon_{HClO} + [ClO^-]\varepsilon_{ClO^-})$ Équation 41, où l est la longueur du parcours optique et ε est le coefficient d'extinction.

Les coefficients d'extinction sont déterminés à l'aide des courbes d'étalonnage réalisées à différentes températures.

La détection d'ions chlorate (ClO_3^-), par spectrométrie UV/VIS, nécessite l'addition d'un réactif colorant, l'o-tolidine [188]. En effet, les ions chlorate doivent être transformés en dichlore Cl_2 (en milieu acide). Puis, Cl_2 réagit avec l'o-tolidine pour donner un produit de couleur jaune dont l'absorbance est mesurée à 448nm. Cependant, nos solutions contiennent aussi HClO et ClO^- qui vont aussi se transformer en Cl_2 en milieu acide pour ensuite réagir avec l'o-tolidine et contribuer à l'absorbance à 448 nm. Par conséquent, afin de calculer la concentration en chlorates, les concentrations en HClO et ClO^- contribuant à l'absorbance totale doivent être soustraites.

Une courbe d'étalonnage a été réalisée avec des solutions étalons ne contenant que des chlorates afin de pouvoir ensuite, calculer les concentrations de chlorates.

3. PLAN D'EXPERIENCES POUR L'ETUDE DE LA CINETIQUE DE DECOMPOSITION DE L'HYPOCHLORITE DE SODIUM

T	pH	Concentration	Matériau	Temps de vieillissement
25	7	100	Cu	0
25	7	100	Cu	2
25	7	100	Cu	5
50	4	0	Cu	0
50	7	0	Cu	0
50	10	0	Cu	0
50	4	100	Cu	0
50	7	100	Cu	0
50	10	100	Cu	0
50	4	0	Cu	2
50	7	0	Cu	2
50	10	0	Cu	2
50	4	100	Cu	2
50	7	100	Cu	2
50	10	100	Cu	2

50	4	0	Cu	5
50	7	0	Cu	5
50	10	0	Cu	5
50	4	100	Cu	5
50	4	100	PVCc	5
50	7	100	PVCc	5
50	7	100	Cu	5
50	10	100	PVCc	5
50	10	100	Cu	5
50	4	100	PVCc	24
50	7	100	PVCc	24
50	10	100	PVCc	24
70	4	0	Cu	0
70	7	0	Cu	0
70	10	0	Cu	0
70	4	100	Cu	0
70	7	100	Cu	0
70	10	100	Cu	0
70	4	0	Cu	2
70	7	0	Cu	2
70	10	0	Cu	2
70	4	100	Cu	2
70	7	100	Cu	2
70	10	100	Cu	2
70	4	0	Cu	5
70	7	0	Cu	5
70	10	0	Cu	5
70	4	100	PVCc	5
70	4	100	Cu	5
70	7	100	Cu	5
70	7	100	PVCc	5
70	10	100	Cu	5
70	10	100	PVCc	5

70	4	100	PVCc	24
70	7	100	PVCc	24
70	10	100	PVCc	24

Tableau 42 : Expériences réalisées pour l'étude de la cinétique de décomposition de l'hypochlorite de sodium en chlorates.

ANNEXE 4 : IMAGES MICROSCOPIQUES DE LA SURFACE DES ECHANTILLONS DE CUIVRE VIEILLIS AU BANC D'ESSAIS

[Cl$_2$] (ppm)	T (°C)	Filmogène	Temps de vieillissement (semaines)			
			2	4	6	8
25	70	Oui				
		Non				
	50	Oui				
		Non				
1	50	Non				

www.ingramcontent.com/pod-product-compliance
Lightning Source LLC
Chambersburg PA
CBHW021034210326
41598CB00016B/1014